高职高专建筑智能化工程技术专业系列教材

电梯控制设备安装与维护

主　　编　刘向勇

副主编　梁海珍　叶小丽

参　　编　黄锦旺　黄浩波　魏振媚　何立基
　　　　　杨志华　谢巨帮　梁嘉伟　苏家伟
　　　　　何展翅　屈省源

U0398037

机械工业出版社

本书采用项目式编写方式，按照电梯四大空间的分类方法，分别讲述了机房电气控制设备安装、井道和层站电气设备安装和轿厢周围电气设备安装等；同时重点讲述了线槽与线管的安装方法、井道电缆的敷设要求，以及电梯接地防雷的工艺要求；还讲述了电梯的调试方法、验收标准要求、电梯正常的保养方法和常见故障维修等。

本书可作为高职高专院校、技师学院建筑智能化工程技术专业的教材，也可供相关技术人员参考。

为方便教学，本书配有电子课件、习题解答及模拟试卷等，凡选用本书作为教材的学校，均可来电索取。咨询电话：010-88379375；电子邮箱：cmpgaozhi@ sina. com。

图书在版编目（CIP）数据

电梯控制设备安装与维护/刘向勇主编. —北京：机械工业出版社，2016.12（2024.8 重印）

高职高专建筑智能化工程技术专业系列教材

ISBN 978-7-111-55369-4

Ⅰ.①电… Ⅱ.①刘… Ⅲ.①电梯群控系统-控制设备-设备安装-高等职业教育-教材②电梯群控系统-控制设备-维修-高等职业教育-教材 Ⅳ.①TH211.07

中国版本图书馆 CIP 数据核字（2016）第 274874 号

机械工业出版社(北京市百万庄大街 22 号　邮政编码 100037)
策划编辑：王宗锋　责任编辑：王宗锋　高亚云　责任校对：刘怡丹
封面设计：路恩中　责任印制：邓　博
北京盛通数码印刷有限公司印刷
2024 年 8 月第 1 版第 5 次印刷
184mm×260mm・14.25 印张・346 千字
标准书号：ISBN 978-7-111-55369-4
定价：45.00 元

电话服务　　　　　　　网络服务
客服电话：010-88361066　机　工　官　网：www.cmpbook.com
　　　　　010-88379833　机　工　官　博：weibo.com/cmp1952
　　　　　010-68326294　金　书　网：www.golden-book.com
封底无防伪标均为盗版　机工教育服务网：www.cmpedu.com

前　言

工学结合一体化课程体系改革是国家职业教育教学改革、示范院校建设的重要内容，为了更好适应一体化教学要求，特编写本书。

本书编写工作主要遵循以下原则：

第一，坚持以能力为本位，重视实践能力的培养，突出职业技术教育特色。根据建筑智能化工程技术专业毕业生就业岗位的实际需要，合理确定学生应具备的能力结构与知识结构，对教材内容的深度、难度做了较大程度的调整，理论知识以"够用"为原则。同时，进一步加强实践性教学内容，以满足企业对技能型人才的需求。

第二，本书编写采用了工学结合、理论实践一体化的模式，使书中内容更加符合学生的认知规律，易于激发学生的学习兴趣。

第三，尽可能多地在书中体现新知识、新技术、新设备和新材料等方面的内容，力求使本书具有较鲜明的时代特征。同时，在本书编写过程中，严格贯彻了国家有关技术标准的要求，并使书中内容涵盖有关国家职业标准的知识和技能要求。

第四，本书以图片、实物照片或表格等形式将各个知识点生动地展示出来，力求给学生营造一个更加直观的认知环境。

本书由中山市技师学院的刘向勇任主编，中山市技师学院的梁海珍和叶小丽任副主编，参加编写的还有中山市技师学院的黄锦旺、黄浩波、魏振媚、何立基、杨志华、谢巨帮、梁嘉伟、苏家伟、蒂森克虏伯电梯（中国）有限公司的何展翅以及中山市职业技术学院的屈省源。其中刘向勇负责项目二、三、四、六、九、十、十一及附录的编写及统稿工作；梁海珍、叶小丽负责项目七的编写及审阅工作；黄锦旺、黄浩波负责项目五的编写工作；魏振媚、杨志华、谢巨帮、屈省源负责项目一的编写工作；何展翅负责项目八的编写工作；何立基负责电路接线图的绘制，梁嘉伟、苏家伟负责现场图片的提供。对书中部分图片和表格的拍摄者和制作者一并表示感谢。

由于编者水平有限，书中缺点和错误在所难免，欢迎广大读者批评指正。

编　者

目　　录

项目一 电梯控制部件安装前的准备

作为机电一体化集成度较高的特种设备，电梯已成为人们现代工作和生活中不可缺少的重要交通工具。随着科学技术不断进步，电梯工业技术水平不断提高，一些传感元件如速度测定、平层测定以及各种保护装置不断得到应用。因此，电梯的安装也在不断细化，一般电梯安装工程师可以细分为机械安装工程师和电气安装工程师。电梯控制部件的安装已成为决定电梯安装质量的重要因素。

任务一　电梯的正确操作

一、教学目标

终极目标：正确指导乘客乘坐电梯。

促成目标：1）学会正确操作电梯。

2）掌握电梯基本控制原理。

二、工作任务

1）利用真实电梯进行模拟乘坐实验。学生从一楼上到五楼，观察学生的操作。

2）认识电梯的特殊运行状态。

三、相关知识

1. 电梯操作流程

以蒂森电梯为例，电梯操作流程如图 1-1-1 所示。

2. 乘坐电梯的注意事项

乘坐电梯的注意事项见表 1-1-1。

3. 电梯的特殊功能介绍

1）消防员服务状态运行。当发生火灾时，打开撤离层（基站）的消防开关后或楼宇消防启动信号接入电梯控制系统，电梯即进入消防员服务状态运行。

进入消防员服务状态运行时，电梯返回撤离层（基站）前，外召信号和轿内指令都不能登记，已登记的信号立即撤除。

进入消防员服务状态运行时，如电梯正在背离撤离层方向运行，则就近停靠，不开门，并立即反向直驶往撤离层。如电梯停在某一层站，则立即关闭轿门和层门，直驶往撤离层。如电梯正在向撤离层方向运行，则电梯直驶往撤离层。电梯到达撤离层后，自动开门放客，然后电梯进入独立操作状态运行。此时电梯专供消防员救援使用，并且开关门手动控制，每次只能接受一个轿内指令。

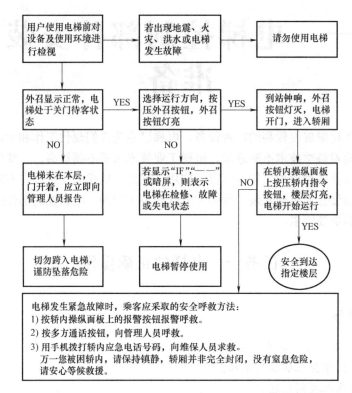

图 1-1-1　电梯操作流程

表 1-1-1　乘坐电梯的注意事项

图形	含义	图形	含义
	严禁用木棒、金属棒等硬质物体代替手指作用在呼梯按钮上		当电梯在关门时,请不要进出电梯
	禁止用任何硬质物体去划伤召唤或显示面板		当电梯运行时,发生异响和不正常抖动时,建议在最近楼层停层开门后离开
	乘坐电梯时,禁止敲击、依靠及扒动轿门		残疾人在乘坐非残疾人电梯时,需专人监护
	发生地震、火灾及洪水等灾害时,禁止使用电梯		禁止用任何工具拆卸召唤或显示面板

（续）

图形	含义	图形	含义
	呼梯等待中,严禁用任何方法去扒开层门		电梯轿厢内禁止吸烟
	禁止在电梯轿厢内做蹦跳等嬉戏动作		当乘客乘坐电梯,感知电梯在急速下降时,请采取下蹲或紧贴轿壁的动作
	乘坐电梯时,不能携带易燃易爆和腐蚀性的物品		儿童需在其监护人的陪同下乘坐电梯

2）满载直驶功能。在自动无司机的正常状态时，如果轿厢内的负载超过额定负载的90%，电梯就不响应沿途的同向外召指令，而直驶有指令登记的楼层。该功能通常是一个选配功能。

3）超载保护。电梯在自动状态停车开门时，如果轿厢内的负载超过额定负载的110%，电梯就不能关门，当然也不能起动，并且超载蜂鸣器鸣响。轿厢操纵箱（COP）上的超载标志也点亮。

4）电梯的门保护装置。标准配置的门保护装置为光幕装置。电梯通常只在自动状态而且是非消防员服务状态下才具有以下功能：当两扇门中间有物体挡住光幕装置的光束时，电梯就会开门或保持开门状态。

5）轿厢照明和风扇的自动控制。该功能是为节能而设置的。在全自动状态下，电梯闭门待梯时，为了减少不必要的浪费，电梯闭门待梯一定时间（通常3min）后，系统会自动关掉轿厢内的照明和风扇。等到有人召唤电梯（或有本层开门信号）时，电梯会自动开启照明和风扇的电源。

6）防捣乱功能。电梯在自动状态下，如果空载开关尚未动作，即电梯中的负载小于10%的额定负载，如果轿厢内有 N（通常 N = 3 左右）个以上指令登记，在电梯停层1次后，系统自动将所有指令消除。

四、任务实施

（一）任务提出

1）利用学校电梯进行模拟教学。学生从一楼乘坐电梯上到五楼，观察学生的操作。

2）设定超载、满载等电梯特殊运行状态。

（二）任务目标

1）使学生掌握电梯操作的正确步骤。

2）了解电梯特殊运行状态的处理方法。

（三）实施步骤

由教师与学校后勤部门沟通，申请学校电梯作为教学工具。操作步骤见表1-1-2。

（四）任务总结

任务实施过程中，要时刻注意安全。教学采用分组形式，实施前要在每一层层门处安排一位学生进行值班，防止其他人员进入电梯，造成意外。教师要随时与学生在一起，不能让学生单独进入电梯进行操作。

任务结束后，学生要完成相应的实训报告书。

表1-1-2　电梯操作步骤

操作示意		操作示意	
说明	1. 乘梯时,查看电梯内是否贴有国家质量监督检验检疫总局印发的安全检验合格标志	说明	2. 恰当选择"上升""下降"按钮
操作示意		操作示意	
说明	3. 请靠边候梯	说明	4. 不要用手、脚或棒等外物阻止电梯门关闭
操作示意		操作示意	
说明	5. 如果需要电梯门保持打开状态,请摁住轿厢内的开门按钮	说明	6. 进出电梯,请留意脚下,快速出入

（续）

操作示意		
说明	7. 电梯到站停止后,请等待电梯自动开门,如果不开,请按开门按钮	8. 如果电梯出现故障,请按下电梯内的呼救按钮或使用呼救电话
操作示意	 	
说明	9. 故障时,呼救后,请耐心等待	10. 切勿试图强行拉开门离开

五、思考与练习

1）简述电梯正确操作步骤。

2）简述电梯的常用功能。

任务二　认识电梯安装维保施工单位

一、教学目标

终极目标：能独自讲解电梯安装维保施工单位的运作流程。

促成目标：1）了解电梯安装维保施工单位的正常运作管理。

2）熟悉安装维保施工单位对员工的技术及素质要求。

二、工作任务

1）参观电梯安装维保施工单位。

2）熟悉电梯安装维保施工单位的资质要求。

三、相关知识

1. 电梯安装维保施工单位

电梯属特种设备,实行许可制度,整机制造企业和安装改造维修企业实行许可证管理,安全部件实行型式试验备案管理。型式试验承担单位有：国家电梯质量监督检验中心、上海交通大学电梯检测中心、深圳市特种设备安全检验研究院（简称深圳特检院）及广东省特种设备检测研究院（简称广东特检院）等。评审承担单位有：国家电梯质量监督检验中心、上海交通大学电梯检测中心及广东特检院等。新装电梯实行监检（监督检验），在用电梯实行年检，由电梯所在地的特检部门执行。特种设备安装维修许可证如图1-2-1所示。

电梯安装维保施工单位（维保，维修保养）是指从事电梯安装、维修及改造经营业务，具有企业法人资格的经济实体。电梯安装维保施工单位分为专营企业和兼营企业。专营企业是指以电梯安装维修、改造经营为主的企业；兼营企业是指以其他经营项目为主，兼营电梯安装维修、改造业务的企业。

电梯安装维保施工单位应具备下列条件：

1）必须经过省建设厅进行资质认可。

2）有明确的章程和固定的办公地点。

3）有独立健全的组织管理机构，经济上独立经营和核算，并依法承担经济责任。

4）配备有同企业资质相适应的专职技术、经营管理人员。

5）企业有不少于等级规定和经营规模以及经济责任相适应的注册资金。

6）有符合国家规定的财务管理制度。

7）有较为齐全的检测仪器。

电梯安装维保施工单位按资质条件划分为三类。

（1）第一类：资质一类企业 具备以下条件的企业可承担各种类型电梯的销售、安装与维修业务。

1）从事电梯安装、维修10年以上，注册资金500万元以上。

图1-2-1 特种设备安装维修许可证

2）安装、维修过额定速度为2.5m/s，控制方式有变频变压控制、计算机控制等的电梯。

3）企业自有职工80人以上。

4）企业经理应具有从事电梯安装、维修管理工作5年以上的资历，有较丰富的电梯安装、维修管理经验。

5）企业技术负责人应具有机电专业高级技术职称，并有5年以上电梯安装、维修管理经验。

6）职工中应具有6个以上机电专业工程师，其中至少有3名以上经培训合格的电梯质量检测专业工程师。

7）企业拥有一定数量的熟悉电梯安全、质量、安装及维修技术方面的技工。其中：电工不少于全员人数的30%；电气焊工不少于全员人数的10%；起重工不少于全员人数的10%。

（2）第二类：资质二类企业 具备以下条件的企业可承担额定速度为1.6m/s以下交流

调速电梯的销售、安装与维修业务。

1）从事电梯安装、维修 5 年以上，注册资金 200 万元以上。

2）安装、维修过额定速度为 1.6m/s，控制方式为交流调速的电梯。

3）企业自有职工 50 人以上。

4）企业经理应具有从事电梯安装、维修管理工作 3 年以上的资历，有电梯安装、维修管理经验。

5）企业技术负责人应具有机电专业高级技术职称，并有 3 年以上电梯安装、维修管理经验。

6）职工中应具有 4 个以上机电专业工程师，其中至少有两名以上经培训合格的电梯质量检测专业工程师。

7）企业拥有一定数量的熟悉电梯安全、质量、安装及维修技术方面的技工。其中：电工不少于全员人数的 30%；电气焊工不少于全员人数的 10%；起重工不少于全员人数的 10%。

（3）第三类：资质三类企业 具备以下条件的企业可承担额定速度为 1.0m/s 以下电梯（含个人计算机）的销售、安装与维修业务。

1）从事电梯安装、维修两年以上，注册资金 50 万元以上。

2）安装、维修过额定速度为 1.0m/s 的交流双速（含个人计算机）电梯。

3）企业自有职工 30 人以上。

4）企业经理应具有从事电梯安装、维修管理工作两年以上的资历，有电梯安装、维修管理经验。

5）企业技术负责人应具有机电专业高级技术职称，并有两年以上电梯安装、维修管理经验。

6）职工中应具有两个以上机电专业工程师，其中至少有 1 名以上经培训合格的电梯质量检测专业工程师。

7）企业拥有一定数量的，熟悉电梯安全、质量、安装及维修技术方面的技工。其中：电工不少于全员人数的 10%；起重工不少于全员人数的 10%。

2. 电梯安装维修工

电梯安装维修工是从事电梯设备的制造、安装、改造、调试、维修、保养及外围设备保障的操作及维护人员，需持有特种作业电梯安装维保上岗证方能上岗。电梯安装维修工一般都具有较强的机械操作能力，电气设备、仪器仪表操作能力以及现场应对故障和突发事件的能力；头脑灵活，手指、手臂灵活；无色盲、色弱，无肢体残疾，无不能胜任该工作的其他疾病。电梯安装维保上岗证如图 1-2-2 所示。

本职业共设五个等级，分别为：

电梯安装维修工（五级）（国家职业资格五级，初级工）；电梯安装维修工（四级）（国家职业资格四级，中级工）；电梯安装维修工（三级）（国家职业资格三级，高级工）；电梯安装维修工（二级）（国家职业资格二级）；电梯安装维修工（一级）（国家职业资格一级，高级技师）。

电梯安装维修工技能等级证（二级）如图 1-2-3 所示。

电梯安装维修工（五级）、电梯安装维修工（四级）和电梯安装维修工（三级）采用非一体化鉴定方式：分为理论知识考试和操作技能考核两部分。理论知识考试采用闭卷笔试

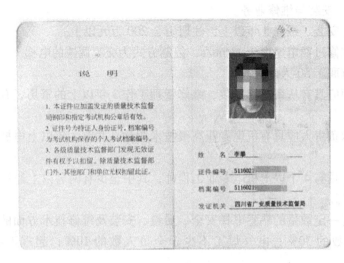

图 1-2-2　电梯安装维保上岗证

方式，操作技能考核采用现场实际操作和实践课题方式。理论知识考试和操作技能考核均实行百分制，成绩皆达 60 分以上者为合格；电梯安装维修工（二级）、电梯安装维修工（一级）采用一体化鉴定方式，基础理论和操作技能按模块鉴定，每个模块均为百分制，成绩皆达 60 分以上者为合格。

3. 电梯购买安装流程

在建筑物设计阶段，电梯制造公司的售前人员便参与井道图样设计，以确定所使用的电梯的规格参数。电梯制造公司工

图 1-2-3　电梯安装维修工技能等级证

程设计部工程师在拿到井道图样后，首先进行相应的计算，确定电梯各部件（如曳引机、导轨、缓冲器及钢丝绳等）的功能参数。最后工程设计部设计人员根据井道图、计算书和合同等资料进行设计，一般分为标梯（公司的标准型号）和非标梯（非公司的标准，要进行特殊设计）。工程师设计出电梯零部件的图样，并将其发送至工艺部门，进行零部件工艺文件的编制，最后由车间生产完成，检验合格后，即包装运往工地施工现场。由电梯安装公司进行清单验货，合格后即可按安装合同要求，依据安装作业指导书进行安装。安装调试完，由当地质量技术监督局特检所人员进行验收，检验合格后方可投入运行。同时需要有相应的电梯安装维保施工单位进行定期保养、维修，确保电梯正常安全运行。

通常每台电梯由 3～4 人组成安装小组。在安装过程中，尚需适时配合一定人数的架设工及木工、泥工、电焊工、起重工。电梯安装小组负责人应向小组成员介绍有关电梯的基本情况、施工现场、电源、报警、医疗及工作周期等事项，并进行必要的安全教育。

一般电梯安装维保施工单位的组织架构如图 1-2-4 所示。

电梯安装维保施工单位相关人员的主要职责见表 1-2-1。

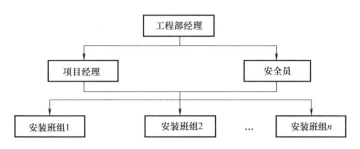

图 1-2-4　电梯安装维保施工单位的组织架构

表 1-2-1　电梯安装维保施工单位相关人员的主要职责

责任岗位	主要职责
工程部经理	全面负责工程的领导和管理工作
项目经理	具体负责工程的协调、施工、质量、进度和安全
安全员	负责工程安全监督、检查
班组长	具体负责所装电梯的施工、质量、进度及安全
机械安装技术工	保质、保量、保安全地进行电气安装及调试
电气安装技术工	保质、保量、保安全地进行机械安装及调试

四、任务实施

（一）任务提出

参观电梯安装维保施工单位，写出针对参观企业的分析报告。

（二）任务目标

1）了解电梯安装维保施工单位的运作流程。

2）了解电梯安装维保施工单位的运作架构及管理模式。

3）了解电梯安装维保施工单位对员工的技能及素质要求。

（三）实施步骤

1）由教师提前与合作的电梯安装维保施工单位负责人联系，确定参观时间。

2）由公司人力资源负责人介绍公司的组织架构及管理模式。

3）由公司工程部负责人介绍技术人员所必备的技能和素质要求。

4）将学生分组，跟随公司维保技术员，前往不同地点进行跟踪学习。

5）全体学生集中，与公司负责人交流，讨论参观感想。

（四）任务总结

书写参观报告，利用两个课时的时间，讨论参观感想。

五、思考与练习

1）简述电梯安装维保施工单位的资质分类。

2）简述电梯安装维修工的技能等级分类。

3）简述电梯安装维保上岗证与电梯安装维修工技能等级证的区别。

任务三　了解电梯相关标准规范

一、教学目标

终极目标：按电梯行业标准进行施工。

促成目标：1）能够读懂电梯相关标准要求。

2）利用标准对电梯进行检验。

二、工作任务

1）熟读电梯行业相关标准。

2）对照电梯制作、安装及维保国家行业标准对电梯进行检验。

三、相关知识

电梯行业有全国电梯标准化技术委员会，其上级单位是国家标准化管理委员会，这也是代表我国参加国际标准化组织的机构。

中国电梯协会组织架构如图 1-3-1 所示。

电梯相关国家标准、行业标准及地方标准见表 1-3-1。

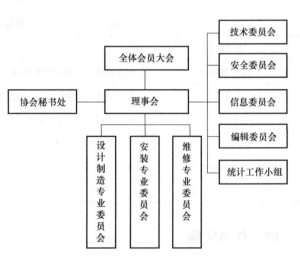

图 1-3-1　中国电梯协会组织架构

表 1-3-1　电梯相关标准列表

序号	标准号	对应国外标准	中文标准名称
		国家标准	
1	GB 7588—2003	EN 81-1:1998	电梯制造与安装安全规范①
2	GB 16899—2011	EN 115-1:2008	自动扶梯和自动人行道的制造与安装安全规范
3	GB 50763—2012		无障碍设计规范
4	GB/T 21739—2008		家用电梯制造与安装规范
5	GB 21240—2007		液压电梯制造与安装安全规范
6	GB/T 10058—2009		电梯技术条件
7	GB/T 10059—2009		电梯试验方法
8	GB/T 10060—2011		电梯安装验收规范①
9	GB/T 18775—2009		电梯、自动扶梯和自动人行道维修规范
10	GB/T 20900—2007	ISO/TS 14798:2006	电梯、自动扶梯和自动人行道　风险评价和降低的方法
11	GB/T 22562—2008	ISO 7465:2007	电梯 T 型导轨
12	GB/T 24475—2009		电梯远程报警系统

（续）

序号	标准号	对应国外标准	中文标准名称
			国家标准
13	GB/T 24478—2009		电梯曳引机①
14	GB/T 24474—2009	ISO 18738:2003	电梯乘运质量测量
15	GB/T 24477—2009		适用于残障人员的电梯附加要求
16	GB 24803.1—2009	ISO/TS 22559-1:2004	电梯安全要求 第1部分:电梯基本安全要求
17	GB 24804—2009		提高在用电梯安全性的规范
18	GB/T 24807—2009		电磁兼容 电梯、自动扶梯和自动人行道的产品系列标准 发射
19	GB/T 24808—2009		电磁兼容 电梯、自动扶梯和自动人行道的产品系列标准 抗扰度
20	GB/T 24479—2009		火灾情况下的电梯特性
21	GB 50310—2002		电梯工程施工质量验收规范
22	GB/T 7024—2008		电梯、自动扶梯、自动人行道术语
23	GB/T 7025.1—2008		电梯主参数及轿厢、井道、机房的型式与尺寸 第1部分:Ⅰ、Ⅱ、Ⅲ、Ⅵ类电梯
24	GB/T 7025.2—2008	ISO 4190-2:2001	电梯主参数及轿厢、井道、机房的型式与尺寸 第2部分:Ⅳ类电梯
25	GB/T 7025.3—1997		电梯主参数及轿厢、井道、机房的型式与尺寸 第3部分
26	GB 8903—2005		电梯用钢丝绳①
27	GB/T 5013.5—2008	IEC 60245-5:1994	额定电压450/750V及以下橡皮绝缘电缆 第5部分:电梯电缆
			行业标准
1	CB/T 3567—2011		船用乘客电梯
2	CB/T 3878—2011		船用载货电梯
3	JG 5071—1996		液压电梯①
4	SN/T 0814—2012		进出口升降机(电梯)检验规程 通用要求
5	SJ/T 31047—1994		电梯完好要求和检查评定方法
6	DL/T 5161.11—2002		电气装置安装工程 质量检验及评定规程 第11部分:电梯电气装置施工质量检验
7	LD/T 81.3—2006		"电梯安装维修工"职业技能实训和鉴定设备技术规范
8	JG/T 5010—1992		住宅电梯的配置和选择
9	JG/T 5072.1—1996		电梯T型导轨
10	JG/T 5072.3—1996		电梯对重空心导轨
11	YB/T 157—1999		电梯导轨用热轧型钢
12	YB/T 5198—2015		电梯钢丝绳用钢丝
			地方标准
1	ZJQ00-SG-004—2003		电梯工程施工工艺标准
2	DB46/T 116—2008		电梯维修保养服务规范

（续）

序号	标准号	对应国外标准	中文标准名称
			地方标准
3	DB33/728—2009		电梯维修保养安全管理规范
4	DB11/420—2007		电梯安装、改造、重大维修和维护保养自检规则
5	DB11/418—2007		电梯日常维护保养规则
6	DB11/419—2007		电梯安装维修作业安全规范
7	DB3703/T 301—2002		电梯、自动扶梯和自动人行道维护保养基本要求(试行)
8	DB46/T 116—2008		电梯维修保养服务规范
9	DB32/864—2005		电梯维修保养安全质量评定

① 为常用标准。

四、任务实施

（一）任务提出

在指导教师及电梯安装维保施工单位人员协助下，按标准规范要求查看学校电梯是否符合标准，并做好相关记录。

（二）任务目标

1) 能够理解电梯相关标准。

2) 利用相关标准对电梯进行检验。

（三）实施步骤

1) 由教师与学校相关部门沟通，使用学校电梯作为教学工具。

2) 由教师与学校电梯安装维保施工单位沟通，请求派出有经验的维保人员，前往学校辅助教学。

3) 采用分组教学形式，每组 5~6 人，按组别进行授课。

4) 授课时，要在每一层层门处做出维修标记，并派一个学生进行值班，防止他人进入电梯。

5) 按国家标准一项项检验电梯，并做好记录。

（四）任务总结

1) 提问：说出电梯的常用国家标准编号。

2) 查找资料，书写常用标准中专业术语的含义。

五、思考与练习

1) 列写电梯行业常用的标准。

2) 写出标准代号各字母、数字的含义。

3) 简述国家标准、地方标准及行业标准的区别与联系。

任务四　识读电梯安装施工图样

一、教学目标

终极目标：利用 CAD 画电梯安装施工图样。

促成目标：1）看懂电梯安装施工图样。

2）对照图样，检查电梯施工质量。

二、工作任务

1）熟悉电梯零部件名称。

2）读电梯安装施工图样。

3）画电梯安装施工图样。

三、相关知识

1. 电梯零部件清单

电梯是一种复杂的机电一体化设备，组成零部件较多，表1-4-1列出某公司某电梯产品零部件清单。

表1-4-1 某公司某电梯产品零部件清单

分类		中文名称	规 格 型 号	数 量	备 注
机房部件		曳引机组件	DAF210L206 D360 7Xd8X95° 12.5kW	1	
		曳引机机架	DAF210 左置机架,对重后置	1	
		橡胶块	黑色天然橡胶,100mm×100mm×50mm	8	
		导向轮支架组件		1	
		主机附件	DAF210 主机附件	1	
		限速器组件	XS3B-1-75,包括涨紧重组件	1	
		限速器钢丝绳	D8 8×19S + PP 1370/1770	103m	1 条
		曳引绳	D8 8×19W + 8×7 + 1×19W	4963	7 条,109m/条
		机房线槽		16m	
		防锈油		1	
		压板及附件	T75-3/B	1	
井道部件	轿厢导轨	上端导轨	T75-3/B	2	3m
		标准导轨	T75-3/B,5m	20	
		导轨附件	T75-3/B	18	
	对重导轨	上端导轨	TK5A	2	3m
		标准导轨	TK5A,5m	16	
		导轨附件	TK5A	14	
		轿厢导轨支架	调节范围 180~380mm	32	
		轿厢导轨压板	T75-3/B	32	
		对重导轨支架	调节范围 282~386mm	32	
		对重导轨压板	TK5A	32	
		集油盒		4	
	轿厢端缓冲器	缓冲器	O2C	1	
		缓冲器支架	O2C,$a = 250$mm(a 为缓冲器支架高度)	1	

（续）

分类		中文名称	规 格 型 号	数 量	备 注
井道部件	对重端缓冲器	缓冲器	O2C	1	
		缓冲器支架	O2C, $a = 300mm$	1	
	井道选层器	支架组件		12	每层一件
		加强弯板组件		4	每三层一件
		区域板 400		0	有预开门、再平层功能，每层一件
		选层器叶片组件	12 层	1	根据楼层选择
		ZSE 井道板组件		1	每梯一件
		随行电缆固定组件	For T75-3/B	1	
		极限开关装置		1	
		电缆压板组件		1	
	补偿链	补偿链	WF100	100m	两条，50m/条
		补偿链固定组件		2	
		补偿链导向轮支架		2	
		补偿链导向轮		2	
		对重导轨压板	TK5A	4	
轿厢		轿厢壁板	COP 在左前壁，$C_W = 1600mm$，$C_D = 1400mm$，$D_W = 900mm$	1	C_W 为轿厢宽，C_D 为轿厢深，D_W 为门宽
		轿底	$K_{TV} = 600mm$，操纵箱位于轿厢前壁	1	K_{TV} 为轿厢重心到前壁的距离
		平衡块组件	$N = 15$	1	N 为平衡块数量
		轿顶	银色天空吊顶，轿门 M2ZK8，$Q = 1000kg$，不带安全窗	1	Q 为载重
		吊顶	银色天空吊顶，$1600mm \times 1400mm$	1	
		轿顶护栏	$1600mm \times 1400mm$，$0.30m < L \le 0.85m$	1	L 为轿厢壁到井道距离
		轿厢扶手			可选项
		后壁镜			
		摄像头			
		轿厢空调			
		空调支架			
轿架		上梁	曳引比 2:1，$C_W = 1600mm$，$C_H = 2400mm$，绳轮直径 360mm	1	C_H 为轿厢高度
		下梁	曳引比 2:1，$C_W = 1600mm$，$C_H = 2400mm$	1	
		左立柱	$C_H = 2400mm$	1	
		右立柱	$C_H = 2400mm$	1	

（续）

分类		中文名称	规格型号	数量	备注
轿架		减震装置	GR3	1	
		下行安全钳	AQ11 下行安全钳	1	
		轿厢导靴	滑动导靴	4	
		油杯	塑料方油杯组件	2	
		轿架安装附件		1	
		应急导板		2	
		导靴油	2L,M2/BP Energol CS 68	1	
		称重装置支架组件		1	
		轿厢选层感应器	用于有机房电梯,取消预开门、再平层功能	1	
		检修开关		1	
		称重控制盒	LMS1-C BOX	1	
		绳头端接装置(轿厢侧)	$\phi 8mm$,弹簧式	7	
对重组件		对重框架	1160mm×195mm(曳引比2∶1)	1	
		绳轮箱	绳轮直径360mm,7 条直径为 8mm 的钢丝绳	1	
		对重块	24kg/块(复合对重块)	78	
		对重导靴	TK5A	4	
		油杯	方油壶 PB10	2	
	对重防护栏	对重防护栏防护板组件	$C_{WG}=1160mm$,$b=195mm$,TK5A	1	C_{WG} 为护栏宽,b 为护栏厚
		对重防护栏支撑组件	$C_{WG}=1160mm$,$b=195mm$,TK5A	12	
		导轨压板附件	$C_{WG}=1160mm$,$b=195mm$,TK5A	12	
		绳头端接装置(对重侧)	$\phi 8mm$,弹簧式	7	
		定距块组件		3	
轿门		轿门组件	$D_W=900mm$,$D_H=2100mm$,发纹 SUS304	1	D_W 为门宽,D_H 为门高
		光幕	门科 618	1	
		轿门锁组件			可选项
		轿门锁开锁挡块组件			
		轿门连接组件			
层门		层门组件	$D_W=900mm$,$D_H=2100mm$,发纹 SUS304	10	
		检修铭牌		3	

2. 电梯结构图

一部电梯有机房、井道、层站和轿厢四个部分，通常称为电梯的四大空间。每个空间所包含的主要部件见表1-4-2。

表1-4-2 电梯的四大空间及所包含的主要部件

序号	名称	主 要 部 件
1	机房部分	电源开关、控制柜、曳引机、导向轮及限速器
2	井道部分	导轨、导轨支架、对重、缓冲器、限速器涨紧装置、补偿链、随行电缆、底坑及井道照明
3	层站部分	层门、呼梯装置(召唤盒)、门锁装置、层站开关门装置及楼层显示装置
4	轿厢部分	轿厢、轿门、安全钳装置、平层装置、安全窗、导靴、门机、轿内操纵箱、指层灯及通信报警装置

从功能上来区分，电梯又可看成由八个系统组成，分别是：曳引系统、导向系统、轿厢系统、门系统、重量平衡系统、电力拖动系统、电气控制系统及安全保护系统。八个系统的作用及主要部件见表1-4-3。

表1-4-3 电梯八个系统的作用及主要部件

序号	系统名称	作用	主要部件
1	曳引系统	输出与传递动力，驱动电梯运行	曳引机、钢丝绳、导向轮及反绳轮等
2	导向系统	限制轿厢和对重的活动自由度，使轿厢和对重只能沿着导轨上、下运行	轿厢的导轨、对重的导轨及其导轨架
3	轿厢系统	用以运送乘客和货物的组件，是电梯的工作部分	轿架和轿厢体
4	门系统	乘客或货物的进出口，运行时层门、轿门必须封闭，到站时才能打开	轿门、层门、门机、联动机构和门锁等
5	重量平衡系统	相对平衡轿厢重量以及补偿高层电梯中曳引绳长度的影响	对重和重量补偿装置等
6	电力拖动系统	提供动力，对电梯实行速度控制	曳引电动机、供电系统、速度反馈装置及电动机调速装置等
7	电气控制系统	对电梯的运行进行操纵和控制	操纵装置、位置显示装置、控制柜、平层装置及选层器等
8	安全保护系统	保证电梯安全使用，防止一切危及人身安全的事故发生	机械方面：限速器、安全钳、缓冲器及端站保护装置等

识读电梯主要部件的结构图，并与实物进行对照。电梯结构示意图如图1-4-1所示。

3. 电梯土建图（井道图）

（1）土建图用途　用图形语言反映与电梯有关的建筑物实际状况，表达销售合同中对电梯产品土建的约定，反映工厂生产时所需的参数，指导工地安装。

（2）土建图绘制的依据

1）电梯土建图样绘制申请表。

2）建筑蓝图或者现场实测尺寸。

3）非标（与工厂标准产品图样不一样称为非标）确认方案。

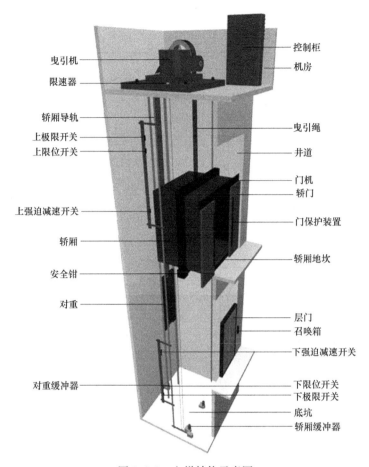

图 1-4-1 电梯结构示意图

4）工厂的产品手册及技术文件。

5）有关各类电梯的相应国家标准。

电梯设计过程中，设计人员首先要看懂电梯土建图，电梯各零部件结构尺寸的设计要以土建图为依据，典型电梯土建图如图 1-4-2 到图 1-4-7 所示。

（3）土建图的标准 对照以下国家标准对电梯土建的规定，学会检查土建图是否符合要求。

1）井道。井道类型：混凝土结构、圈梁结构、钢结构。

土建图绘制需考虑因素：①导轨支架安装条件是否满足；②层门安装条件是否满足；③轿厢与井道的垂直距离是否满足；④井道的垂直度是否满足。

国家标准的相关规定：如果轿厢与对重（或平衡重）之下确有人能够到达的空间，井道底坑的底面至少应按 $500N/m^2$ 的载荷设计，且：

a. 将对重缓冲器安装于（或平衡重运行区域下面是）一直延伸到坚固地面上的实心桩墩；或 b. 对重（或平衡重）上装设安全钳。

当相邻两层门地坎间的距离大于 11m 时，其间应设置井道安全门。

护栏扶手外缘水平的自由距离（0 ~ 850mm）：

a. ≤850mm 时，轿顶安装最小 700mm 高度护栏。

b. ≥850mm 时，轿顶安装最小 1100mm 高度护栏。

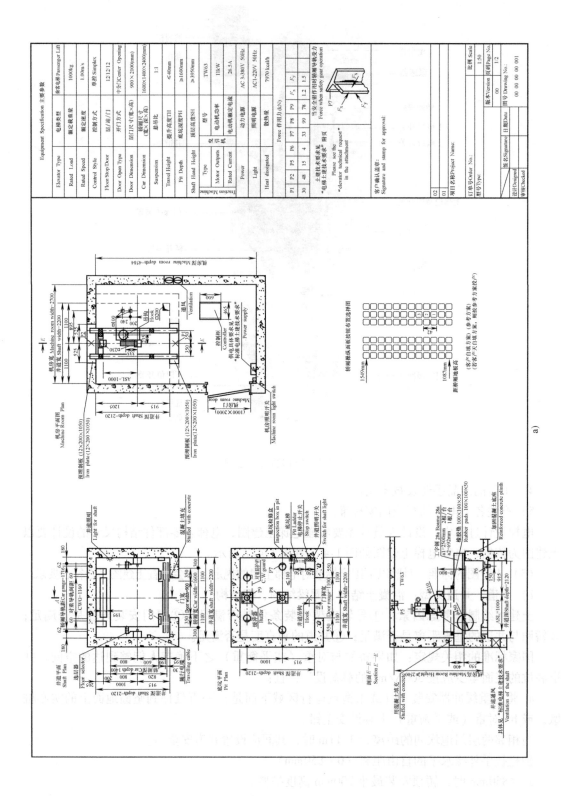

Equipment Specification 主要参数									
Elevator Type 电梯类型					乘客电梯 Passenger Lift				
Rated Load 额定载重量					1000kg				
Rated Speed 额定速度					1.00m/s				
Control Style 控制方式					单控 Simplex				
Floor/Stop/Door 层/站/门					12/12/12				
Door Open Type 开门方式					中分/Center Opening				
Door Dimension 门尺寸					900×2100(mm)				
Car Dimension 轿厢尺寸(宽×深×高)					1600×1400×2400(mm)				
Suspension 悬挂比					1:1				
Travel Height 提升高度TH					≤40mm				
Pit Depth 底坑深度PH					≥1600mm				
Shaft Head Height 顶层高度SH					≥3950mm				
Traction Machine 曳引机	Type 型号				TW63				
	Motor Outputs 电动机功率				11kW				
	Rated Current 电动机额定电流				26.5A				
	Power 动力电源				AC 3-380V 50Hz				
	Light 照明电源				AC1-220V 50Hz				
	Heat dissipated 散热量				7970 kcal/h				
Force 作用力(kN)	P1	P2	P5	P6	P7	P8	P9	F_x	F_y
	30	48	15	4	33	99	78	1.2	1.5

当安全钳作用时桥厢导轨受力
Force when safety gear operation

土建技术要求见
"电梯土建技术要求"附页
Please see the
"elevator technical request"
in the attachment

客户确认盖章:
Signature and stamp for approval:

	比例 Scale	1:50
版本Version	页码/Page No.	1:2
00		
图号 Drawing No.	00 00 00 00 001	

项目名称/Project Name:

订单号/Order No.:

型号/Type:

签名/Signature	日期/Date
设计/Designed	
审核/Checked	

02

01

机房深 Machine room depth=4584

机房宽 Machine room width=2700
井道宽 Shaft width=2200

机房平面图
Machine Room Plan

剖面制动板(12×200×1050)
Iron plate

钩环制动板(12×200×1050)
Iron plate(12×200×1050)

通风
Ventilation

吊钩
Hook

控制柜
Controller
供电具体要求见
"标准电梯土建技术要求"
Power supply

ASL=1000

机房门
(1000×2000)
Machine room door

机房照明开关
Machine room light switch

井道深 Shaft depth=2120

井道照明
Light for shaft

混凝土填充
Stuffed with concrete

对重导轨架间170
对重导轨架 60

轿厢导轨距Car gauge=1710

CWG=1160

门宽
Door width=900
轿厢宽 Car width=1600

井道宽 Shaft width=2200

COP

井道平面
Shaft Plan

速度器
Floor selector

随行电缆
Travelling cable

井道深 Shaft depth=2120

检修盒
Inspection box in pit

爬梯
Pit Ladder

底坑止开关
Stop switch

井道照明开关
Switch for shaft light

对重缓冲器
CW guard

缓冲器
Buffer

吊钩
Hook

门宽
Door range=900
轿厢宽 Car width=1600

井道宽 Shaft width=2200

底坑平面
Pit Plan

井道深 Shaft depth=2120

剖面E—E
Section E—E

工字钢 28a Beams 28a
长=2500mm 2根/台
宽=692mm 1根/台

橡胶垫 100×100×50
Rubber pads 100×100×50

加固混凝土底座
Reinforced concrete plinth

TW63

具体见 "标准电梯土建技术要求"
Ventilation of the shaft

用混凝土填充
Stuffed with concrete

机房深 Machine Room Height≥2500
井道深 Shaft depth=2120

轿厢装饰面板控制布置选择用图

1549mm

1087mm

(客户自填方案)(参考方案)
(客户自填方案,附按参考方案实施)

a)

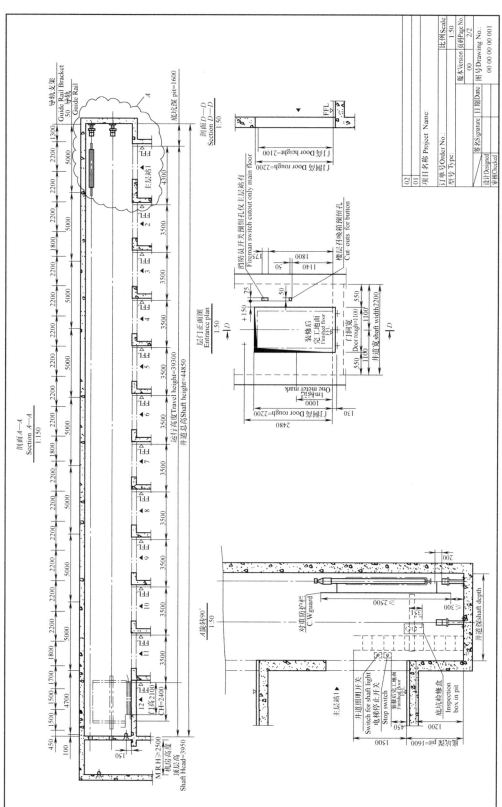

图 1-4-2　电梯土建方案图

b)

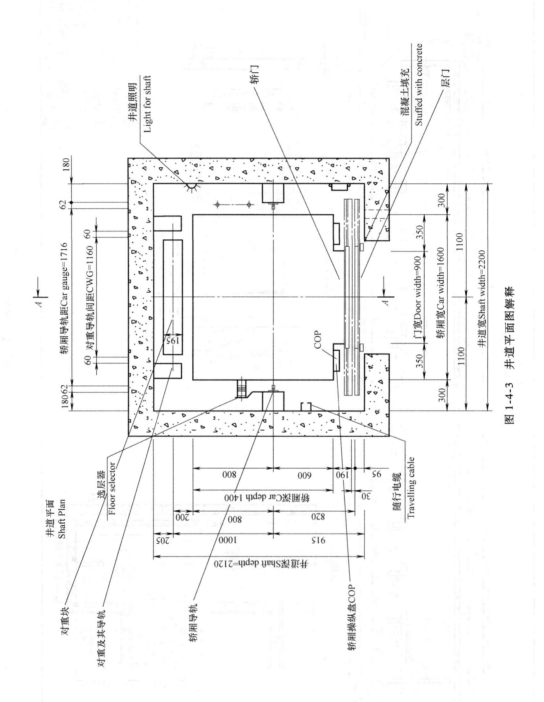

图 1-4-3 井道平面图解释

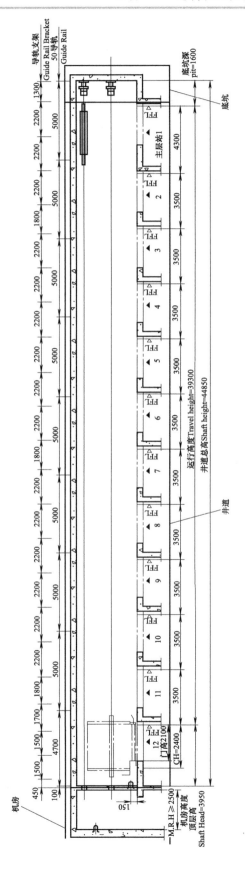

图 1-4-4 电梯机房图解释

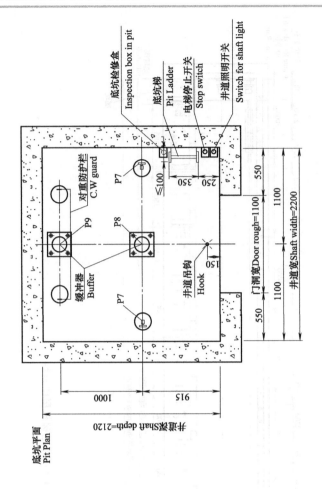

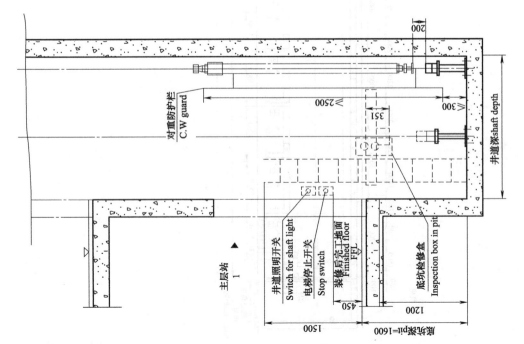

图 1-4-5 门洞预留孔解释

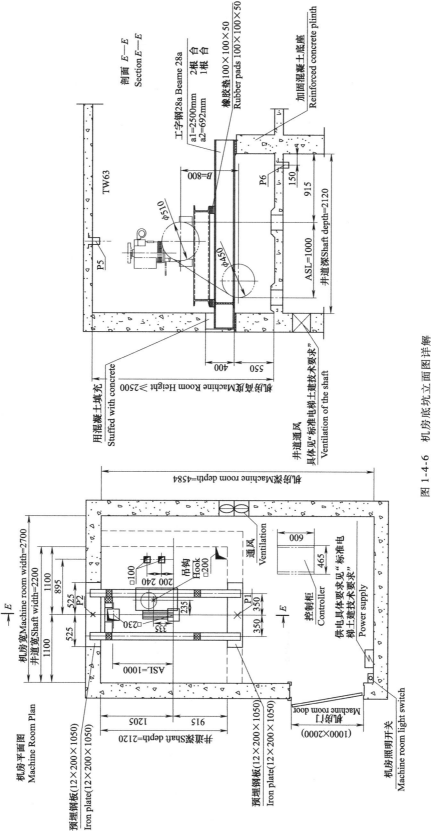

图 1-4-6 机房底坑立面图图解

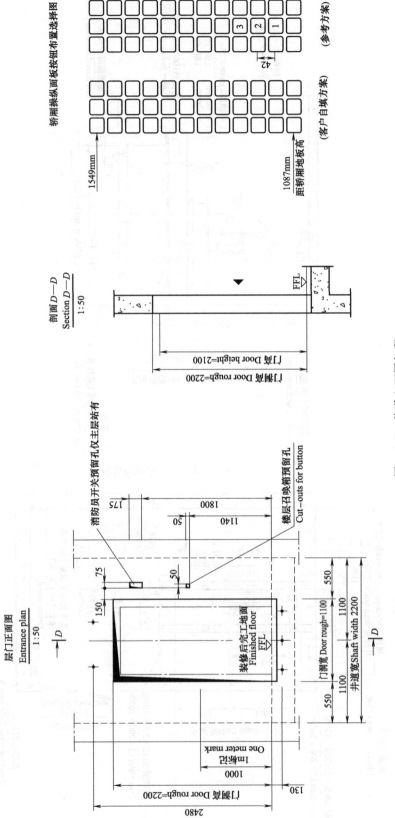

图 1-4-7　井道立面图解释

在井道尺寸较大时，需要考虑轿厢左右后三个方向到墙壁的距离，同时护栏加高后是否对顶层高度产生影响。轿厢与面对轿厢入口的井道壁大于150mm时，注意井道的防护或考虑配置轿门锁。轿厢与对重（或平衡重）的间距或运动部件之间的距离应不小于50mm。

2）底坑。当轿厢完全压在缓冲器上时：底坑应有不小于0.50m×0.60m×1.0m安全空间，底坑底和轿厢最低部件的自由垂直距离不小于0.5m，底坑中固定的最高部件和轿厢的最低部件之间的自由垂直距离不应小于0.3m。

底坑不够时：检查缓冲器与撞板的安全空间是否可调整，缓冲器高度是否可以调整，或者将轿底进行非标处理。

3）顶层。当对重完全压在缓冲器上时，应满足的四个条件为：轿厢导轨长度应能提供不小于 $0.1m+0.035V^2s^2/m$（V 为电梯额定速度，单位：m/s，以下类同）的进一步制导行程；轿顶（轿顶应有一块不小于 $0.12m^2$ 的站人用的净面积，短边不小于0.25m）最高面积的水平面与位于轿厢投影部分井道顶最低部件（包括梁和固定在井道顶下的零部件）的水平面之间的自由垂直距离不应小于 $1.0m+0.035V^2s^2/m$；井道顶最低部件与固定在轿顶上的最高部件之间的自由垂直距离不应小于 $0.3m+0.035V^2s^2/m$，与导靴或滚轮、曳引绳附件和垂直滑动门的横梁或部件的最高部分之间的垂直距离不应小于 $0.1m+0.035V^2s^2/m$；轿厢上方应有足够的空间，该空间的大小以能容纳一个不小于 $0.5m×0.6m×0.8m$ 的长方体为准，任何平面朝下均可。

当轿厢完全压在缓冲器上时，应满足的条件为：对重导轨的长度应能提供不小于 $0.1m+0.035V^2s^2/m$ 的进一步制导行程。

4）机房。工作区域的净高不应小于2m，用于活动的空间净高度不应小于1.80m，电梯驱动主机旋转部件的上方空间≥0.30m。

控制柜位置及检修距离：柜前应有一块净空面积，深度不小于0.7m，宽度不小于0.5m，紧急制动空间应不小于0.5m×0.6m。

机房门尺寸要求：有高台时（≥0.5m），设置楼梯或台阶及护栏。

对照电梯土建图，应能读出以下尺寸：

电梯的提升高度——从底层端站楼面至顶层端站楼面之间的垂直距离；

层间距离——两个相邻停靠层站层门地坎之间的距离；

井道宽度——平行于轿厢宽度方向井道壁内表面之间的水平距离；

井道深度——垂直于井道宽度方向井道壁内表面之间的距离；

底坑深度——由底层端站地板到井道底坑地板之间的垂直距离；

顶层高度——由顶层端站地板至井道顶板下最突出构件之间的垂直距离；

轿厢宽度——平行于轿厢入口宽度的方向，在距轿厢底1m高处测得的轿厢壁两个内表面之间的水平距离；

轿厢深度——垂直于轿厢宽度的方向，在距轿厢底部1m高处测得的轿厢壁两个内表面之间的水平距离；

轿厢高度——从轿厢内部测得地板至轿厢顶部之间的垂直距离（轿厢顶灯罩和可拆卸的吊顶在此距离之内）。

读出所需的导轨支架数量，国家标准规定每根导轨至少两个支架、两支架间的距离≤2500mm。

四、任务实施

（一）任务提出

下发一套载重1000kg的电梯安装施工图样，能读懂图样上有关电梯施工所需要的详细标注尺寸。

（二）任务目标

1）看懂电梯安装施工图样。

2）对照图样，检查电梯施工质量。

（三）实施步骤

每位学生发一套载重1000kg的电梯安装施工图样，教师提出查询任务，学生对照图样找出相应的尺寸，进行标记。

（四）任务总结

对照电梯安装施工图样，列出安装施工过程中所使用到的必备尺寸。

五、思考与练习

1）列写电梯八个系统所包含的零部件。

2）电梯哪些部件属于机械部件？哪些部件属于电气部件？

3）画出书本中的井道平面图。

任务五　电梯施工安全

一、教学目标

终极目标：正确安全安装维保电梯。

促成目标：1）熟悉电梯安装维保操作规程。

2）掌握现场急救知识。

二、工作任务

1）看电梯安装维保视频，对照记下电梯安装维保操作规程。

2）3~4人一组，扮演不同角色，掌握现场急救知识。

三、相关知识

（一）电梯安装操作规程

1. 总则

1）电梯安装工必须经过技术培训和安全操作培训，经过有关部门考核合格，持有岗位资格证，方可上岗操作。

2）电梯安装工必须熟悉和掌握电梯、起重、电工及钳工等理论知识和实际操作技术，熟悉高空作业防火和电焊、气焊的安全知识，熟悉电梯安装工艺的要求。

3）非电梯安装工严禁操作电梯，不得单独进行电梯的维修保养、更新改造及安装操作。

4）对违反规程的人，根据其违反规程的性质及后果，追究其经济上、行政上直至法律上的责任。

2. 基本规程

1）电梯安装工接到任务单，必须会同有关人员到现场，根据下达施工要求和实际情况，采取切实可行的安全措施后，方可进入工地施工。

2）施工场地必须保持清洁和畅通，材料杂物必须堆放整齐、稳固，以防倒塌伤人。

3）操作时，必须正确使用个人劳动防护用品，严禁穿汗衫、短裤、宽大笨重的衣服和硬底鞋进行操作。集体备用的防护用品，必须做到专人保管，定期检查，使之保持完好状态。

4）电梯层门安装前，必须在层门上设置安全护栏，并挂有醒目的标志，在未放置障碍物之前，必须有专人看管。

5）进出轿厢、轿顶必须思想集中，看清轿厢的具体位置后方可用正确的方法进出，轿厢未停妥不准外出。严禁电梯层门一打开就进去，以防踏空下坠。

6）在运转的绳轮两旁清洗钢丝绳，必须用长柄刷操作，清洗时必须在慢车速度下进行，并注意电梯的运行方向，清洗对重方向的钢丝绳时应开上升车，清洗轿厢方向的钢丝绳时应开下降车。

7）安装曳引机组、轿厢、对重及导轨或调换钢丝绳时，必须由工地负责人统一指挥，使用安全可靠的设备工具，做好人员力量的配备，严禁冒险违章操作。

8）在施工中严禁站在电梯内外门的骑跨处进行操作，或触动按钮或手柄开关，以防轿厢移动发生意外。

骑跨处是指电梯的移动部位与静止部位之间，如轿门地坎和层门地坎之间、分隔井道用的工字钢（槽钢）和轿顶之间等。

9）电梯在调试过程中，必须有专业人员统一指挥，严禁载客。

10）施工过程中如需离开轿厢必须切断电源，关上内外门并挂上"禁止使用"的警告牌，以防他人开用电梯。

3. 安全用电规程

1）电梯工必须严格遵守电工安全操作规程。

2）进入机房检修时必须先切断电源，并挂有"有人工作，切勿合闸"的警告牌。

3）在清理发电机、换向器的控制开关时，不得用金属工具去清理，应用绝缘工具进行操作，手持式电动工具应符合安全规定。

4）施工中如需用临时线操作电梯时必须做到：

a. 所使用的装置应有急停开关。

b. 所设置的临时控制线应保持完好，不能有接头，并能承受足够的拉力和具有足够的长度。

c. 使用过程中应注意盘放整齐，不得用铁钉或铁丝轧住临时线，并避开锐利的物体边缘，以防损伤临时线。

d. 用临时线操纵轿厢上下运行时，必须注意安全。

5）不允许短接电梯的安全保护电路及门锁电路。

4. 井道作业规程

1）施工时必须戴好安全帽，登高作业应系好安全带，工具要放在扣紧的工具袋内，大工具要用保险绳扎好，妥善放置。

2）搭设脚手架必须做到：

a. 必须由具有相关资质的单位来承接搭设任务。

b. 单位领导和施工人员应详细向搭建单位交代安全要求，搭建完工后，必须做好验收工作，不符合安全要求的脚手架严禁施工。

c. 脚手架如需增加跳板，必须用 18 号以上的铁丝扎牢跳板两头，严禁使用变质、强度不够的材料做跳板。

d. 在施工过程中，施工者应经常检查脚手架的使用情况，发现有隐患之处，应立即停工采取有效措施，确保安全后方可再施工。

e. 拆卸脚手架时，必须由上而下，如需拆除部分脚手架，待拆除后，对现存脚手架必须进行加固，确保安全后方可再施工。

3）安装轨道及龙门架等劳动强度大的工作，必须配备好人力，由专人负责统一指挥，做好安全防护措施。

4）井道作业施工人员必须上下呼应，密切配合，井道内必须用 36V 的低压照明行灯，并有足够的亮度。

5）在底坑作业时，轿厢内应有专人看管，并切断轿厢内电源，拉开内外门。

6）在轿顶上进行维修、保养、调试时，必须做到：

a. 轿厢内一定要有检修人员或熟悉操作的电梯驾驶员配合，并听从轿顶上检修人员的指挥。轿顶检修人员要思想集中，密切注意周围环境的变化，下达正确的口令。当驾驶人员离开岗位时必须切断电源，关闭内外门，并挂好"有人工作，禁止使用"的警告牌。

b. 应尽量使用轿顶检修操纵箱的控制按钮，轿厢内人员必须思想集中，注意配合。

c. 电梯在将到达最高层时要注意观察，随时准备采取紧急措施。给轨道加油时，必须注意左右电梯上下运行情况，严禁将身体和手脚伸到正在运行的电梯的井道内。

7）电梯工在设备、金属结构安装过程中必须严格遵守机修工和钳工的安全操作规程。

8）使用梯子等常用工具设备时，必须严格遵守常用工具设备的安全操作规程。

5. 吊装作业规程

1）使用吊装工具设备，必须仔细检查，确认完好方可使用。在吊装前必须充分估计重量，选用相应的吊装工具设备。

2）正确选择好挂链条葫芦的位置，使其具有承受足够吊装负载的强度。施工人员必须站在安全位置上进行操作，使用链条葫芦时，如拉不动不准硬拉，必须查明原因，采取措施，确保安全后方可进行操作。

3）井道和场地吊装区域下面和底坑内不得有人操作和行走。

4）起吊轿厢时，应用相应的保险钢丝绳将起吊后的轿厢进行保险，确认无危险后，方可回松链条葫芦，在起吊有补偿绳及衬轮的轿厢时，应注意不能超过补偿绳和衬轮的允许高度。

5）钢丝绳轧头只准将两根同规格的钢丝绳轧在一起，严禁轧三根或不同规格的钢丝绳，钢丝绳轧头规格必须与钢丝绳相符，轧头方向和间距应符合安全要求。

6）吊装机器时，应使机器底座处于水平位置平稳起吊。抬、扛重物时应注意用力方向及用力的一致性，防止滑杠脱手伤人。

7）顶撑对重应选用大口径铁管或大规格木材，严禁使用变质材料，操作时支撑要垫稳，不能歪斜，做好保险措施。

8）放置对重块，应用链条葫芦等设备吊装。在人力搬装时应有两人共同配合，防止对重块坠落伤人。

9）拆除旧电梯时，严禁先拆限速器、安全钳，有条件的应搭脚手架，如无脚手架，则必须落实可靠的安全措施后方可拆卸，并注意相互配合。

10）电梯安装工在吊装起重设备和材料时，必须严格遵守高空作业和起重工安全操作规程。

6. 防火措施规程

1）各种易燃物品必须贯彻用多少领多少的原则，当天用剩的易燃物品必须妥善保管在安全的地方，油回丝不能随便乱抛。

2）施工中凡需动明火时，必须通知使用单位，重点单位应通知厂保卫科、安全部门及市消防机关。施工前做好防火措施，施工过程中必须有使用单位专人值班。每班明火作业后，应仔细检查现场，消除火苗隐患。

3）焊接、切割必须严格遵守电焊工安全操作规程。使用喷灯必须严格遵守喷灯的安全操作规程。

（二）施工现场安全管理模式

针对作业现场的安全管理，提出了十条安全管理模式，其主要内容如下：

1）牢牢树立"安全第一"的思想，安全生产要放在各项工作的第一位，关注安全，就是关爱生命，关怀家人，关心公司。

2）切实纠正"两个不安全"情况：一是纠正人员的不安全行为，二是纠正设备的不安全状态。每天的班前会，班组长和安全员应关注每个班组成员的身心健康，保证每个人都以充沛的体力和振奋的精神投入工作。要检查劳保用品穿戴和设备准备情况，纠正、整改其不安全状态。

3）用好"安全三宝"。安全帽：按规定进入危险场所，必须戴好符合安全标准的安全帽。安全带：凡在2m以上悬空作业人员，必须系合格的安全带。安全网：凡无外架作业点，必须在离地4m高处搭设固定的安全平网。

4）做好"四口防护"。"四口"即指楼梯口、电梯口、预留洞口和出入口。"四口"防护的方法有设置围栏、盖板及防护棚等。

5）加强"五临边"措施。"五临边"即指未安装栏杆的阳台周边，无外架防护的屋面周边，框架工程楼层周边，上下通道、斜道的两侧边，卸料平台的外侧边。加强防护措施，防止人员坠落或物件坠落伤人。

6）注重"六大环境因素"。指水的消耗、电的消耗、固体废弃物处理、夜间光污染、施工噪声排放及施工粉类排放。

7）控制"七个重要危险源"。分别是高空坠落、物体打击、倒塌、机械伤害、接触有害物、触电及火灾。

8）进行"八个安全检查"。分别是查领导、查思想、查制度、查管理、查隐患、查控制、查教育及查纪律。

9）做到"九个不"。三个"不违"：不违章指挥、不违章作业、不违反劳动纪律；三个"不伤害"：不伤害自己、不伤害他人、不被他人伤害；三个"不准"：不准无证上岗，不准私自动火，不准运行带病电梯。

10）达到"一个零"。指达到重大人身、火灾、生产责任事故为零的安全管理目标。

（三）安全色

颜色是一种形象语言，有其特定的意义，不同的颜色给人以不同的感受，人们常用颜色表达感情，安全色就是传递安全信息含义的颜色。红色视为禁止、停止、危险及消防设备的意思，凡是禁止、停止、消防和有危险的器件或环境均应涂以红色的标记作为警示的信号。蓝色表示指令，要求人们必须遵守的规定。黄色表示提醒人们注意，凡是警告人们注意的器件设备及环境都应以黄色表示。绿色表示允许，表示安全的信息。

我国电梯标准中对安全色的使用的规定为：

1）紧急停止开关蘑菇钮应为红色。

2）报警开关钮应为黄色。

3）盘车手轮涂以黄色，开闸扳手应涂以红色。

4）限速器整定部位的封漆应为红色。

5）机房吊装用钓钩应用红色数字标示出其最大载荷量。

6）限速器动作方向、曳引轮旋转方向箭头标志应为红色。

7）限速轮和曳引轮应涂以黄色，至少其边缘应涂以黄色，以警示切勿触及。

8）超载信号闪烁灯应为红色。

9）对于轿厢运行方向指示灯颜色，国家标准中未作规定，但许多生产厂家采用绿色箭头灯显示运行方向，以示安全运行。

10）电梯电气线路供电系统中，依据电气供电有关规定：L1（A相）——黄色、L2（B相）——绿色、L3（C相）——红色、P（工作零线）——黑色、PE（保护零线）——黄绿双色。

（四）安全标志

电梯的安全标志可分为说明类标志、提示类标志、指令类标志、警告类标志和禁止类标志。

1）说明类标志主要指电梯设备铭牌，这些铭牌由设备生产厂家提供并固定在适当的位置，铭牌应清晰，字迹应清楚，固定应牢固。

2）提示类标志主要用数字、文字及图形符号来提醒人们注意以防止发生事故，这类标志基本形式是正方形边框，图形符号为白色，衬底为绿色，如图1-5-1所示。

a) 紧急出口　　　　　　　　　　b) 入口　　　　　　　　　c) 电话

图1-5-1　提示类标志

3）指令类标志是强制人们必须做到某种动作或采用防范措施的图形标志。其基本形式是圆形边框，图形符号为白色，衬底为蓝色，如图1-5-2所示。

4）警告类标志是提醒人们对周围环境引起注意，避免发生危险。基本形式是正三角边框，三角形边框为黑色，衬底为黄色。在警告标志旁边，往往还附有警告语言，如图1-5-3所示。

a) 必须戴防护眼镜　　b) 必须戴安全帽　　c) 必须戴防护手套

d) 必须穿防护鞋　　e) 必须系安全带　　f) 必须戴防尘口罩

图 1-5-2　指令类标志

a) 注意安全　　b) 当心火灾　　c) 当心触电　　d) 当心电缆

e) 当心机械伤人　　f) 当心伤手　　g) 当心扎脚　　h) 当心吊物

i) 当心坠落　　j) 当心落物　　k) 当心坑洞　　l) 当心塌方

m) 当心滑跌　　n) 当心绊倒　　o) 当心车辆　　p) 当心冒顶

图 1-5-3　警告类标志

5）禁止类标志是禁止人们不安全行为的图形标志。其基本形式为带斜杠的圆形框，圆环和斜杠为红色，图形符号为黑色，衬底为白色，如图1-5-4所示。

a) 禁止吸烟　　　　　b) 禁止烟火　　　　　c) 禁止放易燃物　　　　d) 禁止启动

e) 禁止合闸　　　　　f) 禁止触摸　　　　　g) 禁止跨越　　　　　h) 禁止攀登

i) 禁止跳下　　　　　j) 禁止入内　　　　　k) 禁止停留　　　　　l) 禁止通行

m) 禁止靠近　　　　　n) 禁止乘人　　　　　o) 禁止堆放　　　　　p) 禁止抛物

图1-5-4　禁止类标志

（五）现场急救知识

1. 心肺复苏

心脏骤停后开始复苏的时间是成功的关键：4min内开始复苏者，约50%可被救活；4～6min开始复苏者，10%可以救活；超过6min者存活率仅4%；10min以上开始复苏者，存活可能性极小。

心肺复苏的基本步骤和措施：A（airway），保持气道通畅；B（breathing），进行人工呼吸；C（circulation），建立人工循环（胸外心脏按压）；D（drugs），复苏时应用第一线药物；E（electricity），应用电技术。

1）A（airway）保持气道通畅。气道阻塞的常见原因是因为舌后坠，所以要使气道畅通，关键是解除舌肌对气道的阻塞，见表1-5-1。常见有三种方法：仰头举颏法（颈椎无损伤者）、仰头抬颈法（颈椎无损伤者）和双下颌上提法（有颈椎损伤者）。

表 1-5-1　打开气道的方法

序号	操作示意	操作说明
1	 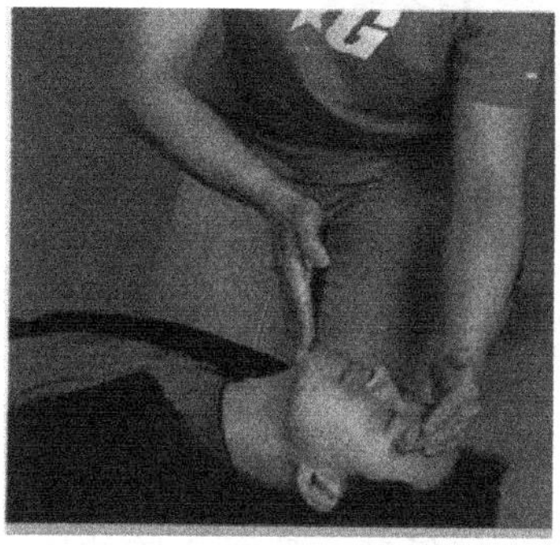	一只手置于前额,用手掌把额头用力向后推,使头部向后仰;另一只手的手指置于下颌骨的颏部,向上抬颏,将下颌抬举起来
2	 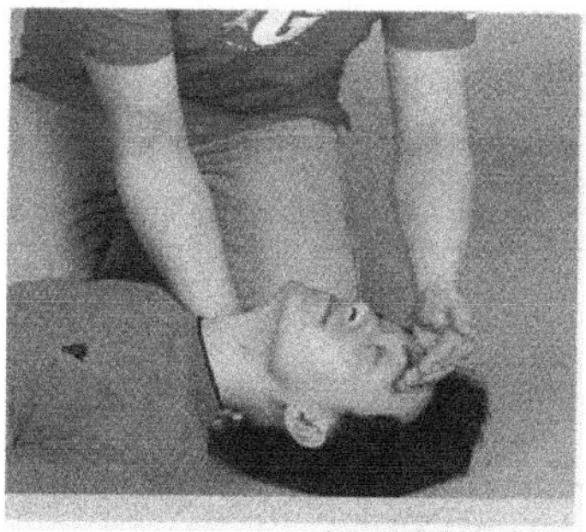	一只手压住前额,向下用力;另一只手放于颈部下,将颈部向上抬举
3	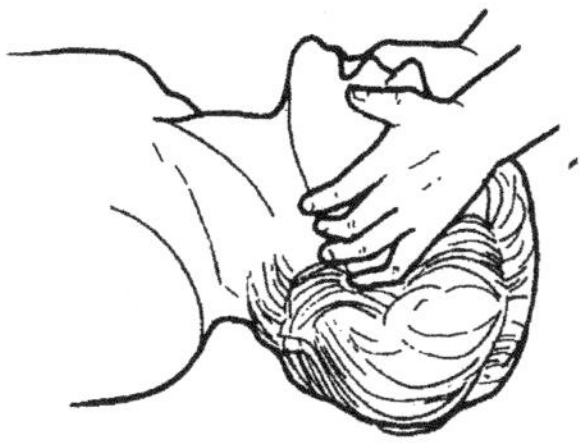 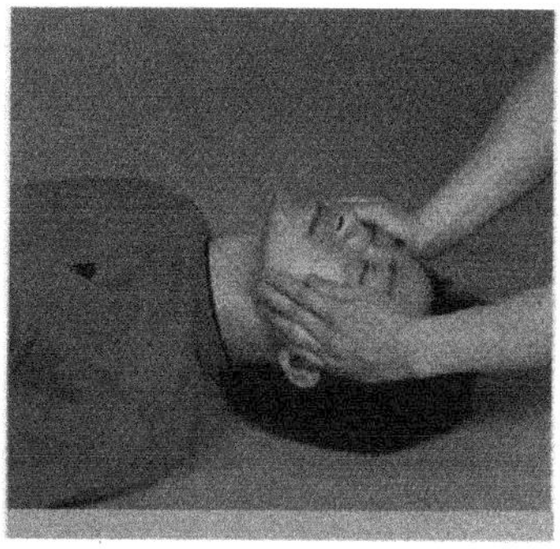	双手指放在病人下颌角,向上或向后方提起下颌,头保持在正中位,不能使头后仰,不可左右扭动

　　检查呼吸:一听、二视、三感觉。在确信气道已经畅通后,应立即判断病人是否有呼吸。耳部靠近患者的口鼻部,面向病人胸部,用面部感觉有无气息、用眼观察胸部有无起伏、用耳听有无气流呼出的声音,如图 1-5-5 所示。

　　如果不能在 10s 内检测到呼吸,就判断病人呼吸停止,立即做口对口或口对鼻人工呼吸。深吸一口气,张开嘴以封闭病人的嘴部周围,向病人口内连续吹气两次,每次吹气时间为 1 ~ 1.5s,吹气量 1000mL 左右,直至胸廓抬起,停止吹气。人工呼吸的频率为 10 ~ 12 次/min。

　　2)B(breathing),进行人工呼吸。使患者仰卧,保证气道通畅,用拇指翻开病人口唇,另一手捏住患者鼻孔,操作者深吸气后,对准患者口用力呼出,然后放松鼻孔,如图 1-5-6 所示。

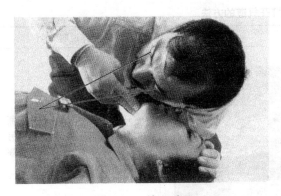

图 1-5-5 检查呼吸

图 1-5-6 进行人工呼吸

3）C（circulation），建立人工循环（胸外心脏按压）。这是现场抢救最基本的首选方法，必须立即进行，且效果良好，是心肺复苏的关键措施之一。首先应在患者背部垫一块木板，以加强按压效果。胸外心脏按压的频率为 100 次/min。

胸外心脏按压步骤见表 1-5-2，操作标准如图 1-5-7 所示。

表 1-5-2 胸外心脏按压步骤

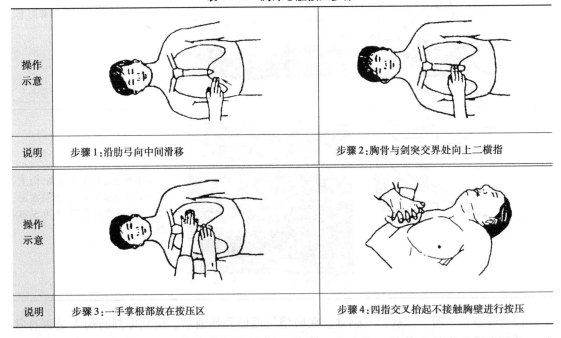

操作示意		
说明	步骤1:沿肋弓向中间滑移	步骤2:胸骨与剑突交界处向上二横指
操作示意		
说明	步骤3:一手掌根部放在按压区	步骤4:四指交叉抬起不接触胸壁进行按压

注意： 操作者肩部正对患者胸骨正上方，肘部保持不动；按压时两肘伸直，用肩部力量垂直向下，使胸骨下压 4～5cm，按压频率为 100 次/min。

4）D（drugs）复苏时应用第一线药物。

应用的药物有肾上腺素、血管加压素、阿托品、利多卡因、胺碘酮和碳酸氢钠等。

2. 创伤救护

创伤救护四步骤如图 1-5-8 所示。

（1）止血　止血方法有：加压包扎止血法、指压止血法和止血带止血法。

1）加压包扎止血法：根据伤口大小，用敷料敷于伤口。再用三角巾或绷带加压包扎。

适用范围：头部、四肢小动脉、小静脉的出血，大面积毛细血管渗血。常见包扎方法如图 1-5-9 所示。

2）指压止血法：利用大拇指的压力将出血伤口的供血动脉（近心端）压向骨骼。各部位受伤后的止血方法见表 1-5-3。

适用范围：头部、四肢较大动脉的出血。

止血特点：止血快速，效果好，但不能长久。

操作要点：准确掌握动脉压迫点，压迫力度要适中，以伤口不出血为准，压迫 10 ~ 15min，仅是短时急救止血，保持伤处肢体抬高。

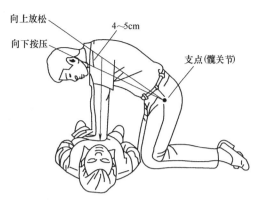

图 1-5-7　胸外心脏按压标准

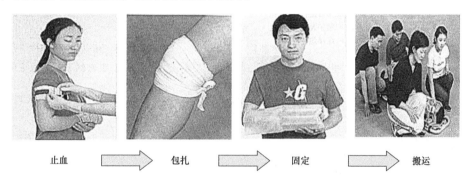

止血　➡　包扎　➡　固定　➡　搬运

图 1-5-8　创伤救护四步骤

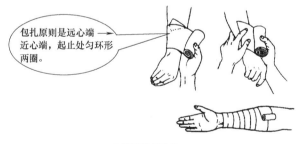

包扎原则是远心端→近心端，起止处匀环形两圈。

a) 螺旋形包扎法

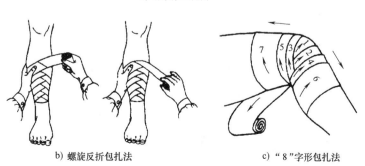

b) 螺旋反折包扎法　　　　c) "8"字形包扎法

图 1-5-9　三种常见的包扎方法

表1-5-3　各部位受伤的止血方法

序号	受伤部位	操作示意	操作说明
1	头前部		止血动脉：颞浅动脉 止血点：耳前方颧弓根部 止血方法：大拇指将出血侧颞浅动脉压向骨面
2	颜面部		止血动脉：颌下动脉 止血点：出血侧下颌骨内三分之一凹陷处 止血方法：四指托住下颌，大拇指压迫出血侧
3	前臂		止血动脉：肱动脉 止血点：出血侧上臂中三分之一肱动脉搏动点 止血方法：四指同时压住肱动脉至肱骨，同时将前臂抬高，大拇指压迫出血侧
4	手掌		止血动脉：桡动脉、尺动脉 止血点：出血侧手腕部 止血方法：在腕关节内，即我们通常按脉搏的地方，压住跳动的桡动脉

（续）

序号	受伤部位	操作示意	操作说明
5	手指		止血动脉:指动脉 止血点:出血手指两侧根部 止血方法:拇指与食指捏住伤手的手指根部
6	下肢		止血动脉:股动脉 止血点:出血侧大腿上三分之一内侧 止血方法:手掌根部或双手大拇指沿大腿根部腹股沟摸到股动脉搏动处,双手拇指重叠将股动脉往深处压迫

3）止血带止血法：止血方法如图 1-5-10 所示。

适用范围：上、下肢大出血，指压止血法或加压包扎止血法无效时。

止血动脉：上肢肱动脉——上臂上三分之一处；下肢股动脉——大腿上三分之一处。

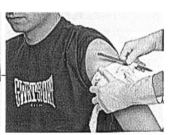

一垫 　　　　　　　　 二结 　　　　　　　　 三拎 四绞

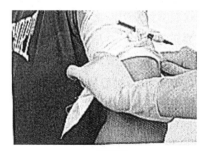

五固定 　　　　　　　　 标明止血时间

图 1-5-10　止血带止血步骤

注意：不轻易上止血带，不得直接扎在皮肤上，松紧应适宜，应记录上止血带时间，用红色布条标明，每隔50min松解3~5min，禁用细麻绳、铁丝、尼龙绳和编织带代替。

（2）包扎　包扎常用的有绷带、三角巾及四头带等。紧急情况下可就地取材，如相对干净的毛巾、衣服、手绢、床单和被单等。

1）绷带包扎法：如图1-5-11所示。

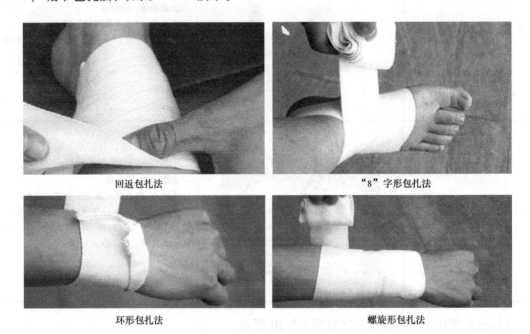

回返包扎法　　　　　　　　　　　　"8"字形包扎法

环形包扎法　　　　　　　　　　　　螺旋形包扎法

图1-5-11　常见绷带包扎法

2）三角巾包扎法：其制作方法是：取一正方形布，对角裁开，一般要求底边长约130cm，顶角距底边中点约65cm，必要时顶角钉一长约50cm的带子。三角巾形状如图1-5-12所示。三角巾包扎方法见表1-5-4。

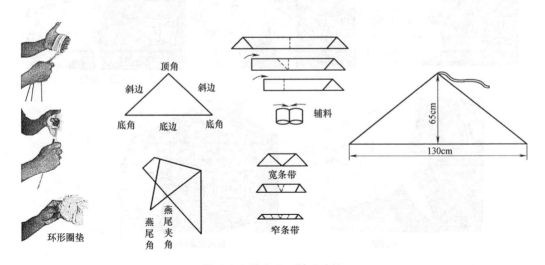

环形圈垫　　　顶角　斜边　斜边　底角　底边　底角　燕尾角　燕尾夹角　燕尾角　辅料　宽条带　窄条带　65cm　130cm

图1-5-12　三角巾形状及折叠方法

表 1-5-4　三角巾包扎方法

序号	包扎法		操作示意	操作说明
1	头顶部包扎法			将三角巾底边中点部分平眉放于前额，顶角经头顶部至头后，两底角在耳后后拉交叉后，再经耳上到额部拉紧打结，最后将顶角向上反折塞入结下，或用安全别针固定
2	面部包扎法			三角巾顶角打一结，套住下颌，底边拉向头后使三角巾覆盖面部，然后将底边两角向头上拉紧，左右交叉压住底边再经两耳上方绕到前额打结，在三角巾的相应部位开洞，露出眼、鼻和口
3	肩部包扎法	单肩包扎法		将三角巾一底角拉向健侧腋下，顶角覆盖患肩并向后拉，用顶角上的带子在伤侧上臂上 1/3 处缠绕两周，将三角巾固定，然后将另一底角向肩部反折后，绕过肩胛拉至健侧腋前打结
4		双肩包扎法		将三角巾折成燕尾状，夹角向上披在双肩上，燕尾包绕肩部至腋下，与燕尾底边相遇打结
5	胸部包扎法	单胸包扎法		将三角巾底边横放在胸部，顶角超过伤肩，并垂向背部，两底角在背后打结，再将顶角带子与之相接。此法如包背部时，在胸部打结
6		双胸包扎法		将三角巾折叠成燕尾状，两燕尾向上，平放于胸部，两燕尾在颈后打结，再将顶角带子拉向对侧腋下打结。此法用于背部包扎时，将两燕尾拉向颈前打结

（续）

序号	包扎法	操作示意	操作说明
7	腹部包扎法		三角巾底边向上,放于腹部,两底角在腰后打结,再将顶角从腿间拉向后,并与上结相结
8	臀部包扎法 单臀包扎法		将三角巾折成燕尾状,夹角朝上,底边包绕伤侧大腿打结,两燕尾分别过腰腹到对侧髂部打结
9	双臀包扎法		将两个三角巾的顶角结在一起,放于腰骶部正中,上面两底角从后绕至腹部打结,下面两底角从大腿内侧向前拉,在腹股沟处与三角巾底边打纽扣结
10	肘、膝关节包扎法		据伤情将三角巾折叠成适当宽度的长条,将中点部分斜放于关节上,两端分别向上、下缠绕关节上、下各一周后打结
11	手(足)包扎法		将手(足)放在三角巾中央,使底部位于手(足)腕处,指(趾)尖对着顶角,将顶角反折盖住手(足)背,两底角拉向手(足)背,左右交叉后压住顶角,绕手腕(足踝)部打结

（3）固定　骨折固定的方法见表1-5-5。

表 1-5-5 骨折固定的方法

序号	受伤部位	操作示意	操作说明
1	肱骨骨折（上臂）		包扎；在骨突部位加一块夹板，放置于伤肢外侧，三角巾折叠成合适宽度固定肱骨上端，三角巾小悬臂固定
2	前臂骨折		包扎伤口，前臂放置于胸廓处，骨突部位加夹板，夹板托于下方，三角巾固定桡骨上下端，三角巾大悬臂固定
3	股骨骨折		用一块长木板或木棍等，从伤侧腋下直到足跟敷于大腿外侧；另一块木板从大腿根部到内侧足跟敷于大腿内侧，用 6～8 根布带分别在胸部、腰间、髋部、大腿、膝关节、小腿等处绑扎固定，最后将踝关节以"8"字形固定于 90°位
4	颈椎骨折		取仰卧位，用敷料围绕颈部一圈。上颈托，若无颈托，在肩部加垫制动

（续）

序号	受伤部位	操作示意	操作说明
5	脊椎骨折		仰卧在硬担架或硬板上，骨突或凹陷处加垫或填塞，用三角巾固定在硬担架或硬板上

（4）搬运　伤员经过现场急救和处理，必须尽快送往医院进行进一步救治。使用正确的搬运方法和运输工具，可以减轻伤员的痛苦，挽救伤员的生命，为医院的治疗赢得时间。

1）单人徒手搬运法：有扶持法、抱持法、背负法、拖行法及爬行法，如图 1-5-13 所示。

a) 扶持法　　　　　b) 抱持法　　　　　c) 背负法

d) 拖行法

e) 爬行法

图 1-5-13　单人徒手搬运法

2）多人徒手搬运法：有双人椅托式、双人桥扛式、双人拉车式、平卧托运法、椅式搬运法、自制担架搬运法及 3～4 人平抬法，如图 1-5-14 所示。

搬运的原则：

1）必须在原地检伤，完成止血、包扎及固定等救治后再搬运。

2）呼吸心跳骤停及休克昏迷者，应先行心肺复苏术；有严重颅脑和胸腹外伤等的，需要进行急救，然后再搬运。

3）对昏迷或有窒息症状的，需将肩垫高，头后仰，面部偏向一侧或用侧卧位，保持呼吸道畅通。

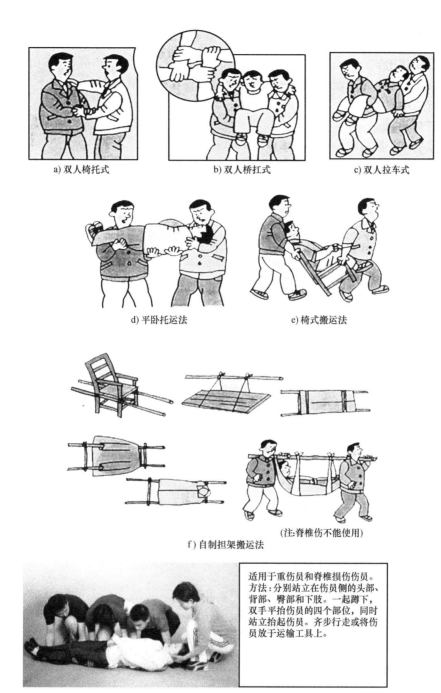

a) 双人椅托式　　　b) 双人桥扛式　　　c) 双人拉车式

d) 平卧托运法　　　e) 椅式搬运法

(注:脊椎伤不能使用)

f) 自制担架搬运法

适用于重伤员和脊椎损伤伤员。
方法:分别站立在伤员侧的头部、背部、臀部和下肢。一起蹲下,双手平抬伤员的四个部位,同时站立抬起伤员。齐步行走或将伤员放于运输工具上。

g) 3~4人平抬法

图1-5-14　多人徒手搬运法

4)一般伤员可用担架、木板等搬运,但有脊椎损伤的或可疑脊柱损伤的伤员,要严禁坐起、站立或行走,也不能采用一人抬头、一人抬脚或人背的方法搬运,必须固定在中立位,颈椎、脊柱要避免弯曲和扭转,以免加重损伤造成高位截瘫或死亡,而且要用硬板担架护送。

5)搬运过程中严密观察伤员的面色、呼吸及脉搏等,必要时及时抢救。

四、任务实施

（一）任务提出

1）播放电梯安装过程视频，指出不按安全规范操作的动作。

2）进行急救演练。

（二）任务目标

1）掌握电梯安装过程的安全要求。

2）熟悉电梯安装维保操作规程。

3）掌握现场急救知识。

（三）实施步骤

1）教师播放电梯安装过程的视频资料。

2）学生对照安全知识的要求，指出视频中的工人操作是否规范，并记录下来。

3）记录电梯安装的流程。

4）现场分组模拟急救场景。每组一位学生扮演不同类别的伤员，其他组员进行急救处理。

5）一位学生负责记录伤员急救过程是否符合标准要求。

（四）任务总结

1）整理列举电梯安装过程中常见的不安全现象。

2）整理各类急救措施的实施要点。

五、思考与练习

1）简述安全色的含义。

2）简述人工呼吸操作步骤。

3）简述三角巾包扎方法。

任务六　安装施工前的准备

一、教学目标

终极目标：单独准备电梯安装前的资料、工具。

促成目标：1）会填写项目工程基本资料，列写工作进度。

2）熟悉安装施工前所需准备的材料、工具。

二、工作任务

1）填写工程基本概况的相关表格。

2）列写安装施工进度表。

3）熟练使用安装工具。

三、相关知识

1. 施工工作流程

（1）施工准备的工作流程框图　如图1-6-1所示。

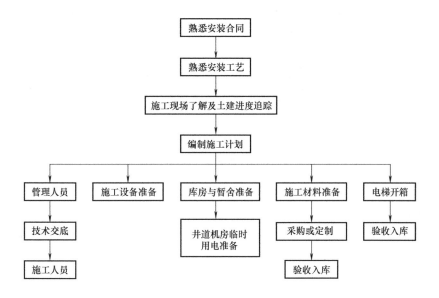

图 1-6-1 施工准备的工作流程框图

（2）前期准备 施工前期准备主要应做好以下工作：

1）现场施工人员暂舍安置、备件仓库协调。

2）机房和井道建筑工程勘查验收（机房及井道顶面施工合格、曳引机混凝土基础及构架的强度合格、井道内建筑模板及脚手架拆除、施工垃圾清除）。

3）脚手架按相关规范搭设和验收。

4）施工用电准备到位。

5）确保电梯设备到达工地并有指定人员妥善保管。

6）了解土建总体进度及施工管理情况。

7）学习了解现场总包单位施工安全管理要求。

8）确认具备向特种设备主管部门办理电梯施工告知的必需材料。

（3）技术准备 需做好以下工作内容：

1）确认本公司具备本次所装电梯的安装资格，所承担安装的电梯是具有合法资格制造商正式出具产品合格证的产品。本公司亦已充分了解国家有关法规和标准的要求，且已向当地特种设备监督管理部门办理了安装告知手续。

2）确认已从电梯制造商处获得了本次所安装类型电梯最新版本的相关技术文件，按电梯的类型、规格配备了完整的安装工艺文件、企业标准、自检规程、国家标准以及安全技术规范。

3）确认已办理好或正在办理所有施工人员的用工手续，备齐所有人员相应有效的特种设备操作证。

4）检查确认现场施工中所需的计量、测量器具已备齐，且具有有效的检测合格证书。

5）确认已制订或正在制订施工中须执行的质量保证措施，包括材料进场管理措施、工程质量管理控制措施、施工操作管理措施及施工技术资料管理措施等。

6）确认已制订或正在制订施工安全保证措施，包括组织管理措施、临时用电管理措施、井道门洞防坠落安全措施、现场消防管理措施及施工机具管理措施等。

7）确认已制订或正在制订文明施工措施，包括环境保护措施、生活卫生管理措施及施工现场卫生管理措施等。

（4）技术交底　技术交底在施工人员进场前进行，由公司工程部组织，项目经理、安全员及施工班组的全体人员（包括吊装人员在内）参加。技术交底的主要内容包括：

1）工程概况。

2）工程目标。

3）施工技术、材料、机具、人员及作业条件准备。

4）执行工艺。

5）检验标准。

6）成品保护。

7）安全措施。

8）文明施工措施。

9）本工程具有的特殊工艺或其他施工要求。

技术交底情况由工程部记录备案，并对所有参加人员就技术交底内容掌握的情况以考试的方式进行了解，以便达到交底目的。

（5）施工进度计划

1）电梯安装施工进度表见表1-6-1。

2）施工所需的辅助材料种类、数量及进场时间，施工主要机具种类、数量及使用时间，各工种配置、数量及其进场时间，电梯工程与土建工程进程的配合，均应与施工进度计划相协调，具体均由项目经理及时调配。

3）施工进度计划是根据正常情况编制的，实际施工过程中可能会出现土建不按期、配合不协调及电源不保证等未预见情况，则项目经理应积极协调保证工期目标的完成或及时调整施工进度计划并记录造成调整进度的原因且取得建设方（或监理部门）的认可。施工进度的安排通常是机械和电气两部分内容同时进行，根据电梯不同的控制方式和层站高低，做出具体的施工进度计划，确定安装工艺。一般一台十层以下的电梯，3~4人历时月余甚至更短些，即可完成。

2. 安装施工常用工具

安装施工常用工具见表1-6-2。

四、任务实施

（一）任务提出

1）按项目要求填写工程基本概况。

2）列写电梯安装施工进度表。

3）拆装电梯导轨，熟悉基本安装工具的使用方法。

（二）任务目标

1）会查找准备电梯安装所需的资料。

2）会填写项目工程基本资料，列写工作进度。

3）熟悉安装施工基本工具的使用方法。

表 1-6-1 电梯安装施工进度表

合同号			派工日期	安装配合	计划/天	调试
型号		层站	开工日期	单位	实际/天	检验
序号	工艺过程	天数	开始	结束	2 4 6 8 10 12 14 16 18 20 22 24 26 28 30 32 34 36 38 40 42 44 46 48 50 52 54 56 60	
1	土建勘测					
2	呈交脚手架					
3	样板架放线测量					
4	土建整改					
5	开箱清点保管					
6	支架、导轨安装					
7	机房设备安装					
8	层门安装调整、门框收口					
9	轿厢、对重、缓冲器安装					
10	井道安全设备及电器安装					
11	电缆、钢丝绳、限速器					
12	提供足够电力、拆除脚手架					
13	慢车运行、井道信息、门机					
14	指层灯、召唤					
15	快车运行调整					
16	装潢、清洁					

表 1-6-2　安装施工常用工具

工具	序号	名称	规格	备注
共用	1	钢丝钳	175mm	
	2	尖嘴钳	160mm	
	3	斜口钳	160mm	
	4	剥线钳		
	5	梅花扳手	套	
	6	套筒扳手	套	
	7	活扳手	200mm、300mm	
	8	一字螺钉旋具	50mm、75mm、100mm、150mm、200mm、300mm	
	9	十字螺钉旋具	75mm、100mm、150mm、200mm	
	10	电工刀		
	11	压线钳	DT-8、DT-38	
	12	呆扳手	套	
钳工工具	1	台虎钳	2 号	
	2	钢锯架	300mm	调节式
	3	钢锯条	300mm	
	4	锉刀	扁、圆、半圆、方、三角	粗、中、细
	5	钳工锤	0.5kg、0.75kg、1kg、1.7kg	
	6	划规	150mm、250mm	
	7	中心冲		
	8	丝锥	M3、M4、M5、M6、M8、M10、M12、M14、M16	
	9	丝锥扳手	180mm、230mm、280mm、380mm	
	10	圆板牙	5mm、6mm、8mm、10mm、12mm	
	11	圆板牙扳手	200mm、250mm、300mm、380mm	
	12	台钻	ZQ4113、Z512	
	13	开孔刀		电线槽用
	14	弯管刀		
	15	电钻	13mm	
	16	线坠	0.3kg	
土木工具	1	錾子		凿墙(洞)用
	2	抹子		抹水泥砂浆
	3	吊线锤	10kg、15kg、20kg	放样线用
	4	棉纱线		
	5	铅丝	0.71mm	亦可用钢丝
测量工具	1	钢直尺	150mm、300mm	
	2	钢卷尺	3m、30m	
	3	塞尺	150mm	

(续)

工具	序号	名称	规格	备注
测量工具	4	角尺	300mm	
	5	直尺水平仪(水平尺)	500mm	
	6	测量卡板		特制
	7	校轨尺		特制
切削工具	1	钻头	2mm、2.5mm、3.5mm、4.2mm、4.5mm、5mm、5.5mm、6.5mm、6.8mm、10.2mm、13mm、18mm	
	2	手提式平型砂轮	φ150mm×20	
起重工具	1	索具套环(牛眼圈)	0.6mm、0.8mm	
	2	索具卸扣	1t、2t、4t	
	3	钢丝绳扎头	Y4-12、Y5-15	
	4	环链手拉葫芦	3t	
	5	滑轮(闭口)	2t	
	6	卷扬机	额定提升质量200kg	
	7	油压千斤顶	5t	
	8	麻绳	φ8mm	
调试工具	1	弹簧秤	35N、150N、400N	
	2	万用表	MF10	
	3	钳形电流表	量程200A	
	4	绝缘电阻表	500V	
	5	对讲机		
	6	声级计		
其他工具	1	交流弧焊机	≥130A	
	2	电烙铁	75W	
	3	油枪	200cm^2	
	4	油壶	0.5~0.75kg	
	5	钢丝锯		
	6	手剪		
	7	电源三眼插座拖板		
	8	冲击钻		

(三) 实施步骤

1) 填写项目工程基本概况。

工程名称				
工程地点				
电梯购买单位				
电梯使用单位				
施工合同编号				
电梯数量		台	内部编号	
计划开工日期			年 月 日	
计划完工日期			年 月 日	

2）填写电梯基本参数。

参数＼编号	1	2	3	4
电梯类型				
电梯型号				
额定速度				
额定载重量				
层站数				
提升高度				

3）填写电梯安装施工进度表。

4）拆装电梯导轨。所使用设备如图1-6-2所示。将电梯两列导轨按施工标准要求拆卸，并安装，熟悉基本工具的使用。

（四）任务总结

1）对照任务书，正确写出工程概况。

2）对照电梯说明书，列举电梯的主要参数。

3）合理编制电梯安装施工进度表。

4）拆装电梯导轨，列出所使用的基本工具及工具使用注意事项。

五、思考与练习

1）简述电梯安装施工流程。

2）列写电梯技术交底的资料。

3）列写电梯安装施工进度表，见表1-6-1。

图1-6-2　电梯导轨实训设备

项目二 机房电气控制设备的安装

电梯机房一般设置在电梯井道的顶部。机房内安装有曳引机、导向轮、控制柜、限速器和总电源控制盒等。其中控制柜、总电源控制盒属于电气控制部件，其安装工艺要符合国家标准要求。

电梯控制柜安装在曳引机旁边，是电梯的拖动装置和信号控制中心，如图 2-0-1 所示。早期的电梯控制柜中有接触器、继电器、电容、电阻器、变压器和整流器等。随着计算机技术、电子技术的飞越发展，VVVF 控制技术、光纤通信技术、串行通信技术以及网络技术等在电梯上得到广泛应用。大规模集成电路的应用使电梯控制柜体积越来越小，功能越来越强，可靠性越来越高。目前的电梯控制柜大多由全计算机控制板和变频器组成，对交流电动机进行调频调压调速控制（VVVF）。控制柜一般是在电梯制造企业组装完成，出厂前要进行参数检验，如图 2-0-2 所示。

控制柜的电源由机房的总电源开关引入，如图 2-0-3 所示。由控制柜接触器引出的动力线用电线管送至曳引机的电动机接线端子。电梯控制信号线由电线管或线槽引出，进入井道再由扁形或圆形随行电缆传输。信号交换控制线分别接到井道中各层接线盒中，构成电梯的控制系统线路。在控制柜和机房布线时要注意强弱电分开，防止弱电受干扰。

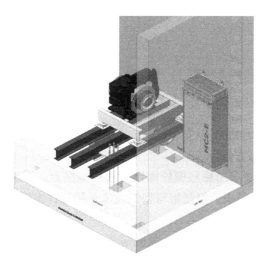

图 2-0-1　控制柜

目前，无机房电梯越来越受到客户的欢迎，数量在不断增加。无机房电梯一般采用分散式控制系统，控制装置不像传统电梯结构那样安置在一个控制柜里，而是将它分四部分，分别安装于井道顶层的井道壁上、轿厢操纵盘上、井道顶层层门旁的检修盒上及井道里，四个部分通过 CAN BUS 进行高速通信。

图 2-0-2 控制柜参数检验

图 2-0-3 机房总电源开关

任务一 有机房电梯控制柜的安装

一、教学目标

终极目标：独自安装有机房电梯控制柜。

促成目标：1）熟悉有机房电梯控制柜的结构和原理。

2）掌握有机房电梯控制柜的安装工艺及要求。

二、工作任务

1）按标准要求安装有机房电梯控制柜。

2）接线调试。

三、相关知识

1. 控制柜安装要求

1）根据机房布置图及现场情况确定控制柜安装位置。一般应远离门、窗，与门、窗、墙的距离不小于 600mm，并应保证维修方便。

2）控制柜的过线盒要按安装图的要求用膨胀螺栓固定在机房地面上。若无控制柜过线盒，则要制作控制柜型钢底座或混凝土底座。控制柜与型钢底座采用螺钉连接固定。控制柜与混凝土底座采用地脚螺钉连接固定。

3）控制柜安装固定要牢固。多台柜并排安装时，其间应无明显缝隙且柜面应在同一平面上。

4）小型的控制柜安装在距地面高 1200mm 以上的金属支架上（以便调整）。

2. 控制柜安装标准

1）垂直度≤3/1000。

2）正面距门、窗≥600mm。

3）维修侧距墙≥600mm。

4）距机械设备≥500mm。

3. 控制柜的结构

（1）壳体 包括主壳体和可拆除前门，如图 2-1-1 所示。

（2）内部器件 包括主控板、主变频器和外围电路，如图 2-1-2 所示。

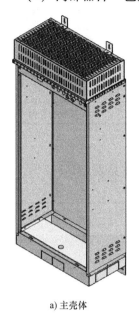

a) 主壳体 b) 可拆除前门

图 2-1-1 控制柜壳体

图 2-1-2 控制柜内部器件

四、任务实施

（一）任务提出

安装有机房电梯控制柜。

（二）任务目标

1）熟悉有机房电梯控制柜的结构和工作原理。

2）掌握有机房电梯控制柜的安装工艺及要求。

（三）实施步骤

1. 安装环境

安装环境见表 2-1-1。

表 2-1-1 控制柜安装环境

项目	要 求
海拔/m	≤1000
温度/℃	−15~70
相对湿度	最湿月平均最高相对湿度≤90%，同时该月平均最低气温≤25℃
电压(AC)/V	$380 \times (1 \pm 7\%)$
空气质量	无腐蚀性、易燃性气体和导电尘埃

2. 安装注意事项

安装注意事项主要有当心触电、必须戴防护手套、必须穿防护鞋及必须戴安全帽等，见

表 2-1-2。

表 2-1-2　安装注意事项

标志				
含义	当心触电	必须戴防护手套	必须穿防护鞋	必须戴安全帽

3. 安装工具

安装工具有双头扳手、螺钉旋具、电钻、手拉葫芦及气筒等，具体见表 2-1-3。

表 2-1-3　安装工具

编号	工具 1	工具 2	工具 3	工具 4	工具 5
实物					
名称	双头扳手	螺钉旋具	电钻	手拉葫芦	气筒

4. 安装方法

一般控制柜有两种安装方式，即悬挂安装和直接摆放。具体安装方式根据机房情况选定。

1）悬挂安装。悬挂安装时，控制柜通过 4 个安装支架（上下各一个，底部两个）固定于机房的墙壁上。

2）直接摆放。参照机房布局 GAD 图样，将控制柜直接摆放于机房内合适的位置。

注意：控制柜的摆放位置要便于电气接线，并应预留通风散热和维修空间。

（1）悬挂安装具体步骤

1）根据机房布局 GAD 图样在机房墙壁上选取位置，根据控制柜安装尺寸在墙上标出安装支架的打孔位置。机房布局 GAD 图样如图 2-1-3 所示。

注意：打孔时要及时清除打孔产生的灰尘，防止灰尘残留在孔内或落入控制柜中。钻孔过程如图 2-1-4 所示。

2）用工具 3 在标出的打孔位置处打孔，打入膨胀螺栓，用来悬挂控制柜。控制柜安装孔位如图 2-1-5 所示。

3）将控制柜底部安装支架固定在机房墙面上。

4）拆除控制柜的可拆卸前门，将控制柜抬到已固定在机房墙面上的底部安装支架上，将控制柜上部支架套入已安装的上部膨胀螺栓。控制柜安装图如图 2-1-6 所示。

5）最后用垫圈和螺母将安装支架固定牢固即可。控制柜安装完成状态如图 2-1-7 所示。

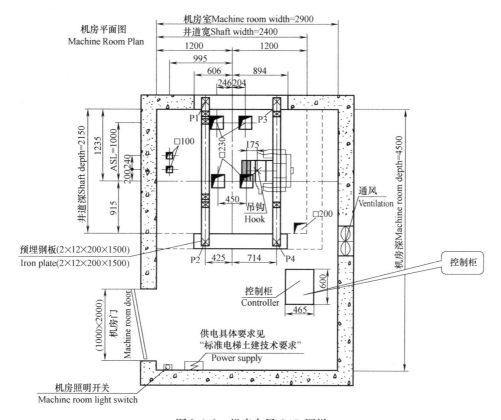

图 2-1-3　机房布局 GAD 图样

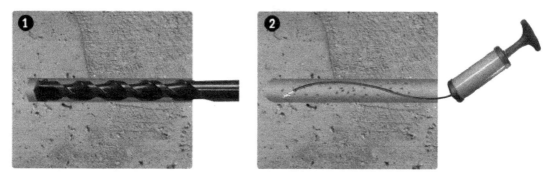

图 2-1-4　钻孔

（2）直接摆放安装步骤　控制柜脚架直接摆放时，控制柜布置要求如图 2-1-8 所示。安装步骤如下：

1）将机房清扫干净，根据电梯井道土建图确定控制柜安装位置，并应符合以下要求。

① 控制柜正面离开门、窗 600mm 以上，控制柜门的开、关应没有阻碍。

② 控制柜后面离开墙壁 600mm 以上。

③ 控制柜离开曳引机不小于 500mm。

④ 控制柜的设置应平行于导轨中心线。

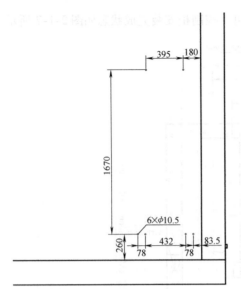

图 2-1-5　控制柜安装孔位

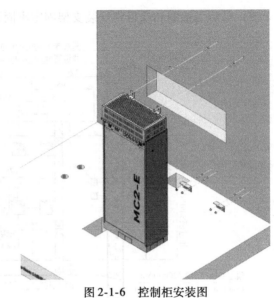

图 2-1-6　控制柜安装图

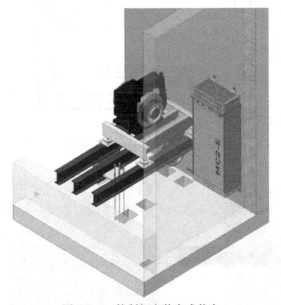

图 2-1-7　控制柜安装完成状态

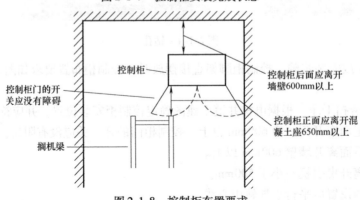

图 2-1-8　控制柜布置要求

2）选定控制柜的安装位置，根据控制柜安装孔位在地板上打入 M12 膨胀螺栓。然后将控制柜脚架设在螺栓上。安装时可采用吊装方式，控制柜吊装过程如图 2-1-9 所示。

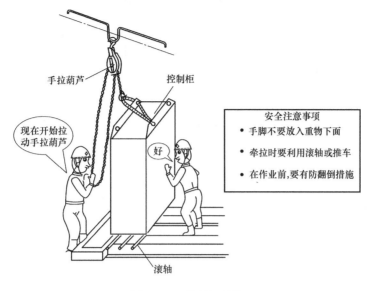

图 2-1-9　控制柜吊装

3）测量控制柜的水平度，应不小于 5/1000，如不符合要求，则在控制柜垫脚处插入垫片调整，直到符合要求。

4）控制柜垂直度要求不小于 5/1000，如不符合要求，则在控制柜垫脚处插入垫片调整，直到符合要求，如图 2-1-10 所示。

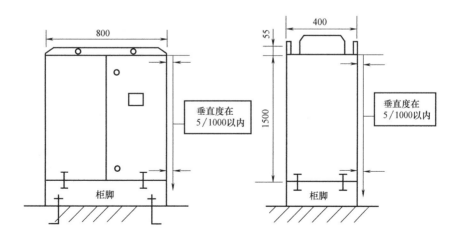

图 2-1-10　控制柜垂直安装要求

5）并联安装时，要求两控制柜在同一平面上，如图 2-1-11 所示。

5. 电气接线

（1）电源线的连接　控制柜电源线采用三相五线制接线，分别将电源进线可靠连接到控制柜内部左下部电源进线端子上。电源线颜色区分见表 2-1-4。

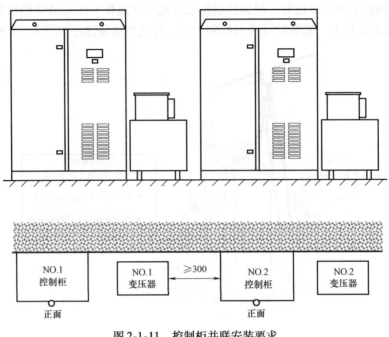

图 2-1-11　控制柜并联安装要求

表 2-1-4　电源线颜色区分

线色	功能	线色	功能
黄色线	相线 L1	黑色线	中性线
绿色线	相线 L2	黄绿双色线	PE
红色线	相线 L3		

（2）控制柜底部接线端子的连接　不同电梯厂家控制柜接线端子不甚相同，表2-1-5 为某厂家控制柜的接线端子列表（供参考）。

表 2-1-5　接线端子

走线槽侧电缆编号	控制柜底部端子座号	用途说明
A1	A1	随行电缆
A2	A2	随行电缆
S2	S2	底坑电缆
S3	S3	消防警铃电缆
S4	S4	层门锁电缆
P1	P1	上极限开关电缆
P2	P2	限速器电缆
P4	P4	制动器电缆

（3）保护接地的连接　将所有的连线中接地保护线（黄绿双色线）可靠连接于控制柜内部右下方的接地保护接线端子上。

注意：①动力电缆两端屏蔽层及黄绿双色线应可靠接地且接地线应牢固不易松动，接地线不能串接只能并接在接地柱上；②布线时高压线与低压线分开铺设（不能在同一方向，如在同一方向应用线槽隔离）；③井道预制电缆所有接地应直接接在控制柜接地排，不能串接；④控制柜通电前应检查并紧固控制柜内所有螺栓，避免出现由于螺栓未紧而无法调试通车等现象；⑤确保通电前控制柜内高压与低压线无对地现象，并与图样相符；⑥控制柜内线应绑扎好（高压线与底压线应分开绑扎）。

6. 机房电源盒的安装

机房控制柜电源盒安装如图 2-1-12 所示。

1）机房电源盒安装在门入口方便接触处，电源盒下口位置应离地面 1100～1500mm。

2）机房电源盒下面线槽应直接接一黄绿双色线至接地柱上（需现场配孔）。

3）电源盒与线槽中间空隙应小于 150mm 但不能小于 50mm，且线槽进出口及转角处应作好防护。

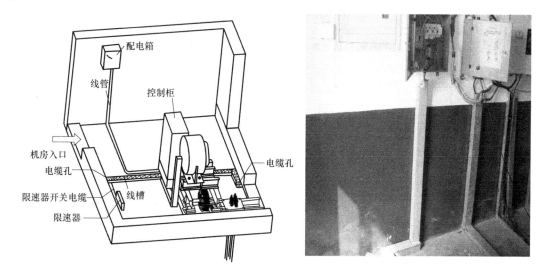

图 2-1-12 机房控制柜电源盒安装图

（四）任务总结

1）通过安装有机房电梯控制柜，熟悉其结构以及工作原理。

2）通过安装有机房电梯控制柜，掌握其安装的标准要求及安装工艺。

3）通过安装有机房电梯控制柜，掌握安装工具的使用方法。

五、思考与练习

1）简述控制柜的安装标准。

2）简述机房电源盒的安装标准。

3）测量安装好的控制柜，与标准进行对比判断。

任务二 无机房电梯控制柜的安装

一、教学目标

终极目标：独自安装无机房电梯控制柜。

促成目标：1）熟悉无机房电梯控制柜的结构和原理。

2）掌握无机房电梯控制柜的安装工艺及要求。

二、工作任务

1）按标准要求安装无机房电梯控制柜。

2）接线调试。

三、相关知识

无机房电梯控制柜在井道内的分散布置及电缆连接如图 2-2-1 所示。

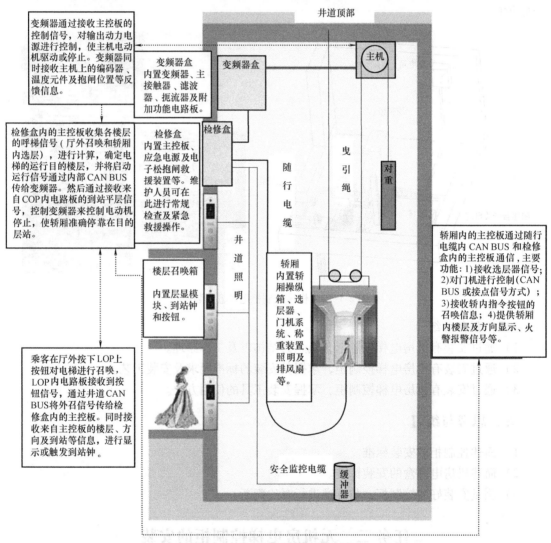

图 2-2-1 无机房电梯控制原理图

变频器盒及井道接线盒（安装在井道内）如图 2-2-2 所示；轿厢操纵箱 COP（Car Operation Panel）安装在轿厢内，如图 2-2-3 所示；检修盒（主控制盒）安装在顶层层门侧，如图 2-2-4 所示；楼层召唤箱 LOP（Landing Operating Panel）安装在每层层门侧，如图 2-2-5 所示。

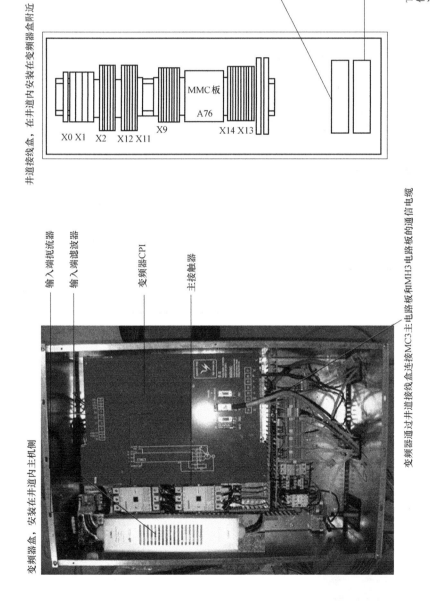

井道接线盒，在井道内安装在变频器盒附近

实现MC3系统的群控功能

TF2三方通话电路板：连接轿厢、检修盒和远方控制室电话机，实现多方通话功能

X0 X1 X2 X12 X11 X9 X14 X13

MMC板

A76

输入端扼流器

输入端滤波器

变频器CP1

主接触器

变频器通过井道接线盒连接MC3主电板板和MH3电路板的通信电缆

变频器盒，安装在井道内主机侧

图 2-2-2 变频器盒及井道接线盒（安装在井道内）

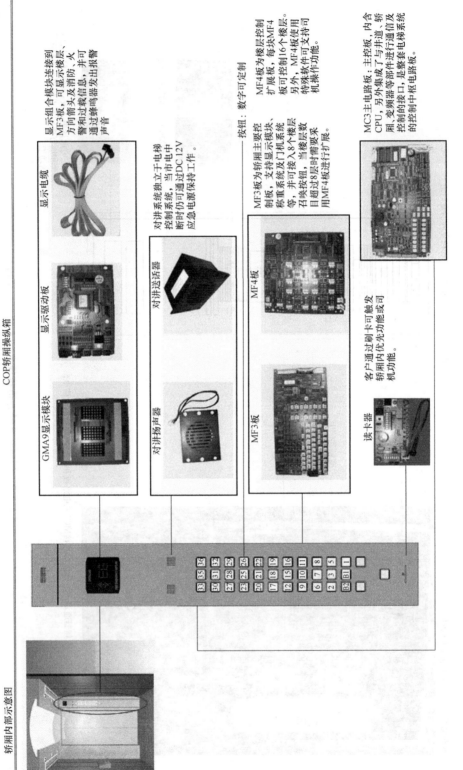

轿厢内部示意图

COP轿厢操纵箱

显示组合模块连接到MF3板，可显示楼层、方向箭头及消防，火警和过载信息，并可通过蜂鸣器发出报警声音。

显示电缆

显示驱动板

GMA9显示模块

对讲系统独立于电梯控制系统，当甩电中断时仍可通过DC 12V应急电源保持工作。

对讲送话器

对讲扬声器

按钮：数字可定制

MF3板为轿厢主要控制板，支持显示模块称重系统及门机系统等，并可接入8个楼层召唤按钮，当楼层数目超过8层时需要采用MF4板进行扩展。

MF4板为楼层控制扩展板，每块MF4板可控制16个楼层。另外，MF4板使用特殊软件可支持司机操作功能。

MF3板

MF4板

读卡器

客户通过刷卡可触发轿厢内优先功能或司机功能。

MC3主电路板：主控板，内含CPU，另外集成了与井道、轿厢、变频器等部件进行通信及控制的接口，是整套电梯系统的控制中枢电路板。

图 2-2-3 轿厢操纵箱

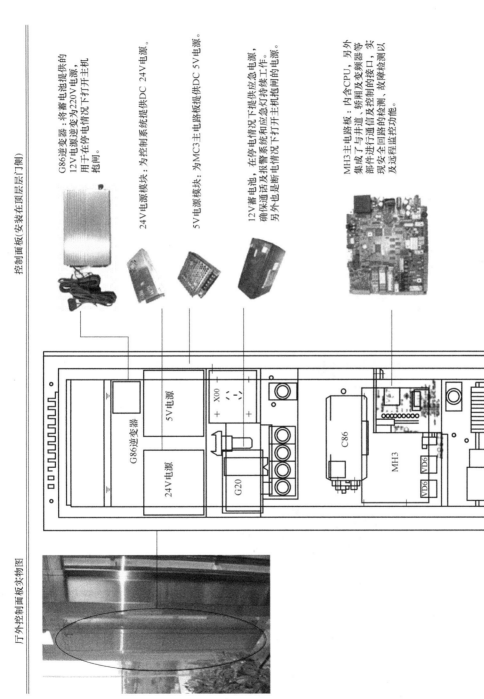

控制面板(安装在顶层层门侧)

G86逆变器：将蓄电池提供的12V电源逆变为220V电源，用于在停电情况下打开主机抱闸。

24V电源模块：为控制系统提供DC 24V电源。

5V电源模块：为MC3主电路板提供DC 5V电源。

12V蓄电池，在停电情况下提供应急电源，确保通话及报警系统和应急灯持续工作，另外也是断电情况下打开主机抱闸的电源。

MH3主电路板：内含CPU，另外部件进行通信及控制的接口，实现安全回路的检测、故障检测以及远程监控功能。

厅外控制面板实物图

图 2-2-4　主控制盒

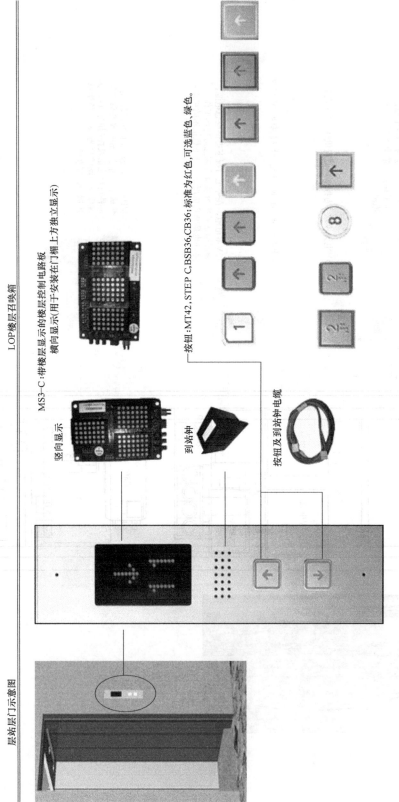

LOP楼层召唤箱

MS3-C：带楼层显示的楼层控制电路板
横向显示（用于安装在门楣上方独立显示）

竖向显示

到站钟

按钮：MT42，STEP C，BSB36，CB36：标准为红色，可选蓝色、绿色。

按钮及到站钟电缆

层站层门示意图

图2-2-5　楼层召唤箱

四、任务实施

（一）任务提出

安装无机房电梯分散式控制柜。

（二）任务目标

1）熟悉无机房电梯控制柜的结构和工作原理。

2）掌握无机房电梯控制柜的安装工艺及要求。

（三）实施步骤

1. 无机房控制柜的安装

（1）安装注意事项　安装注意事项有当心触电、必须戴防护手套、必须穿防护鞋及必须戴安全帽等，见表2-2-1。

表2-2-1　安装注意事项

标志				
含义	当心触电	必须戴防护手套	必须穿防护鞋	必须戴安全帽

（2）安装工具及仪表　安装工具及仪表主要有双头扳手、螺钉旋具、电钻、手拉葫芦、气筒、斜口钳及万用表等，见表2-2-2。

表2-2-2　常用安装工具及仪表

编号	工具1	工具2	工具3	工具4
实物图				
名称	双头扳手	螺钉旋具	电钻	手拉葫芦
编号	工具5	工具6	工具7	
实物图				
名称	气筒	斜口钳	万用表	

（3）安装方法　变频器、电源滤波器、电抗器、接触器及制动电阻安装在井道顶层井道壁上。用膨胀螺栓将安装导轨固定在井道壁上，将固定板固定在安装导轨上，然后将各控制盒固定在固定板上，将电源及控制部件插在电路板中并固定。检修盒的安装需将盖板拆下后，将检修盒装入顶层层门侧井道壁的凹处，调整检修盒及固定角钢，使其与井道壁对齐，然后用膨胀螺栓固定，装上盖板并用螺栓固定。当墙壁厚度不够或电源开关较大（＞12A）时，检修盒须向外凸出并用框形盖板固定。

第一步，识读无机房电梯顶层布置 GAD 图，如图 2-2-6 所示。

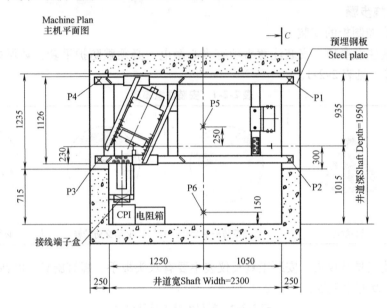

图 2-2-6　无机房电梯顶层布置 GAD 图

第二步，识读无机房电梯控制部件分布图，如图 2-2-7 所示。

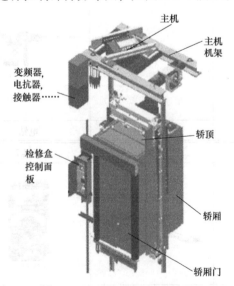

图 2-2-7　无机房电梯控制部件分布图

第三步，识读顶层控制盒安装图，如图 2-2-8 所示。

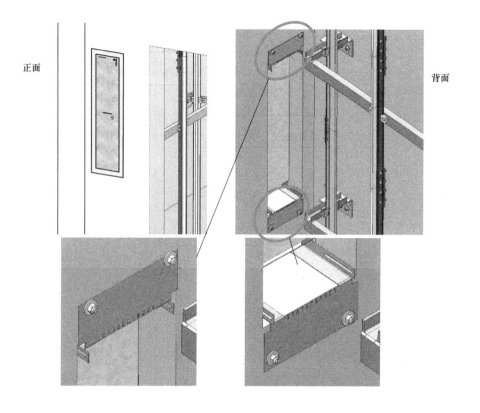

正面

背面

图 2-2-8 顶层控制盒安装图

2. 应急电源装置的安装

（1）功能简介　电梯正常运行时供电系统突然停电，系统将自动切换至备用电源，使电梯以检修速度驶向最近可停靠层后开门，达到安全疏散乘客、避免关人的功能。一般应急电源装置标准包装清单包括：

◆应急电池。

◆电池箱。

◆动力电源线缆，适用于和控制柜动力电源连接。

◆两根电缆线缆，适用于和用户端端口连接。

◆三根电池连接线。

◆安装膨胀紧固螺栓 M12×4。

◆4 只电池（12V，15Ah/20HR），选配。

（2）使用流程图　如图 2-2-9 所示。

（3）安装步骤

1）安装准备工作。确保电池箱中的电池未连接，此步骤确保电梯动力电源无法被电池驱动，保障作业安全。

2）安装固定应急电源装置及电池箱，安装步骤见表 2-2-3，安装如图 2-2-10 所示。

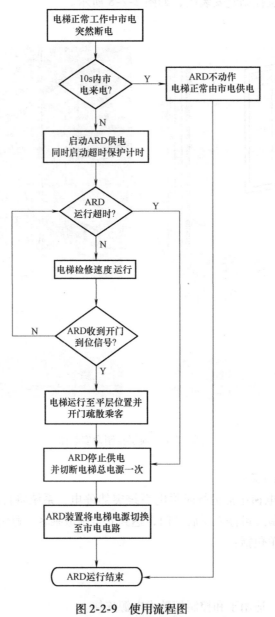

图 2-2-9　使用流程图

表 2-2-3　安装步骤

步骤	安 装 操 作	注 意 事 项
1	确认应急电源装置主开关 S_1 处于关闭状态	⚡
2	将电池箱安装在合适位置,如安装在机房靠近控制柜的墙壁上	使用 M12×2 紧固膨胀螺栓
3	在电池箱上方安装应急电源装置	使用 M12×2 紧固膨胀螺栓

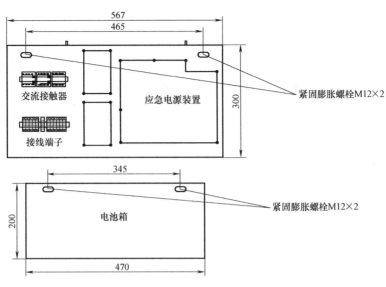

图 2-2-10 应急电源装置及电池箱安装孔位示意

安装注意事项：

① 按上下方向正立放置，禁止倒立使用电池。

② 不要在蓄电池上给予异常的振动与撞击。

③ 安装过程中要注意绝缘。

④ 请不要把不同种类的蓄电池混合使用。

⑤ 不要让电池与有机溶剂接触。

应急电源装置线缆连接步骤见表 2-2-4；电池连接如图 2-2-11 所示。

表 2-2-4 应急电源装置线缆连接步骤

步骤	安 装 操 作	注 意 事 项
1	将主动力电源线缆连接到应急电源装置的输入端	⚡
2	将电梯动力电源线缆从应急电源装置的输出端连接至电梯曳引机预留接口	注意：380V 和 220V 动力电源线缆接线方式不同
3	将 220V 电源线缆从应急电源装置的输出端 N（220V）连接至电梯端	220V 电源线缆使用 220V 模式时有此接线，380V 无此接线
4	相序继电器接线	
5	变压器接线	380V 无此配线
6	检查以上配线是否正确、紧固，确保线路正确，无短路	
7	使用电池连接线缆将电池连接起来。将应急电源装置中的红线的连接端子连接至电池的"＋"极，黑线的连接端子连接至电池的"－"极	

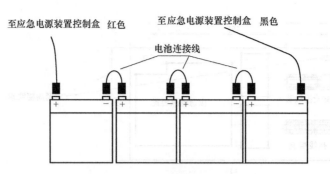

图 2-2-11　电池连接示意图

3）测试应急电源装置功能，其步骤见表 2-2-5。

表 2-2-5　测试应急电源装置功能步骤

步骤	测 试 项 目	注 意 事 项
1	在正常状态下运行电梯	
2	电梯运行至非平层位置，约 10s 后应急电源装置应自动供电，驱动电梯运行至平层位置并开门	
3	电梯运行至非平层位置，断开市电电源，10s 内重新合上市电电源，应急电源装置应不启动，重新由市电供电	
4	电梯运行至非平层位置，断开市电电源，约 10s 后应急电源装置启动供电，此时合上市电电源开关，应急电源装置应完成一次救出运行，平层、门开到底后，应急电源装置停止输出，自动切断电梯电源一次，重新由市电供电，电梯恢复正常	
5	电梯切换至检修模式，电梯运行至非平层位置，切断市电电源，由应急电源装置供电，应可检修运行（上行和下行）	电梯载重 100% 上行；空载在中间楼层上、下行；空载上行，几个恶劣情况下应都可以运行至平层
6	应急电源装置供电救出运行时，开门后若应急电源装置未收到开到底信号，应急电源装置应延时约 30s 后断电，并将电源切换至市电电源	
7	电梯恢复正常	

（四）任务总结

1）通过安装无机房电梯控制柜，熟悉其结构及工作原理。

2）通过安装无机房电梯控制柜，掌握控制柜安装的标准要求及安装工艺。

3）通过安装无机房电梯控制柜，掌握安装工具的使用方法。

五、思考与练习

1）简述无机房电梯控制柜的结构组成。

2）指出无机房电梯控制柜的安装位置。

3）简述应急电源装置的作用。

项目三　井道和层站电气设备的安装

电梯井道内电气设备较多，包含召唤箱、换速平层装置、电气保护装置以及井道电气辅助设备（如井道照明）。具体种类和数量见表 3-0-1。各部件的安装位置如图 3-0-1 所示。

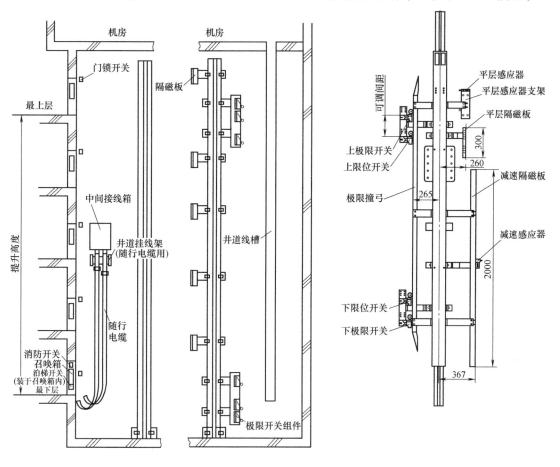

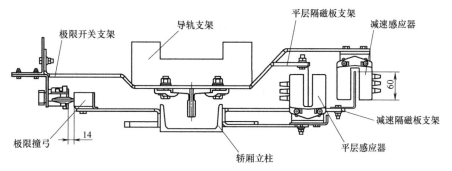

图 3-0-1　井道电气设备安装位置图

表 3-0-1　电梯井道内设备种类及数量

序号	设备名称	件数	备注
1	随行电缆		具体配给
2	极限开关组	2套	开关数量:6件
3	隔磁板	N件	
4	召唤箱	M件	
5	门锁开关	M件	
6	井道挂线架	1件	
7	中间接线箱	1件	
8	泊梯开关	1只	设置于指定的楼层
9	消防开关	1只	设置于基层
10	底坑检修箱	1只	设置于底坑
11	涨绳轮开关	1只	设置于底坑
12	缓冲器开关	3只	设置于底坑

注：N 表示楼层数，M 表示层门数

任务一　楼层召唤箱的安装

一、教学目标

终极目标：独自安装楼层召唤箱。

促成目标：1）熟悉楼层召唤箱的结构和原理。

2）掌握楼层召唤箱的安装工艺及要求。

二、工作任务

1）按标准要求安装楼层召唤箱。

2）接线调试。

三、相关知识

楼层召唤箱（简称召唤箱）安装于电梯层门一侧的墙壁上，是各楼层乘客登记电梯服务的主要设备。普通形召唤箱外形如图 3-1-1a 所示，中间层包含"上行""下行"两个按钮，顶层只有"下行"按钮，底层只有"上行"按钮。现在很多召唤箱集成了楼层显示功能，如图 3-1-1b 所示，乘客在候梯时能够了解轿厢所在楼层。一般召唤箱安装在层门旁边的墙上，有时一些高端的电梯会将召唤箱独立放在层门旁边，如图 3-1-1c 所示。召唤箱安装位置要人性化，高度要便于人手操作，具体要求如图 3-1-2 所示。常见召唤箱技术参数见表 3-1-1。

1. 召唤箱的功能

召唤箱提供如下功能：

1）外召指令按钮控制。

a) 普通型

b) 集成型

c) 独立型

图 3-1-1 常见召唤箱外形

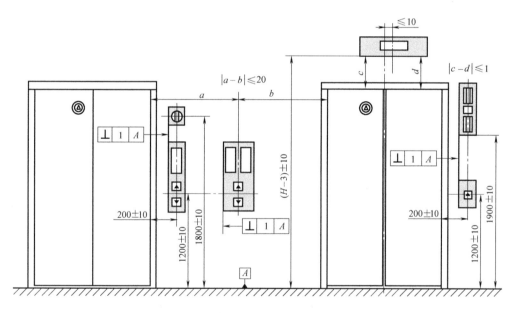

图 3-1-2 常见召唤箱安装位置及标准

2）楼层、运行方向及特殊字符指示。

3）使用锁梯钥匙开关进行锁梯（特定楼层）。

4）利用消防开关使电梯进入消防状态（特定楼层）。

表 3-1-1 常见召唤箱技术参数

类别	项　　目	参　　数
电源	额定输入电压(DC)/V	24
	输入电压允许范围(DC)/V	24±0.3
	额定输入电流/A	0.1

（续）

类别	项目		参数
输入端	输入方式		光耦合
	输入电压(DC)/V	"1"信号	12~24
		"0"信号	0~5
	输入电流/mA	"1"信号	0~2
		"0"信号	4~7
	延时/ms		10
	输入频率/kHz		<1
	电缆长度/m	屏蔽线	400
		非屏蔽线	200
输出端	输出方式		继电器输出
	负载电压	额定值	DC 24V/AC 24~230V
		允许范围	DC 5~30V/AC 20~250V
	负载容量	阻性负载/A	5
		感性负载/A	3
		灯负载/W	100
	电缆长度/m	屏蔽线	400
		非屏蔽线	200
通信	通信方式		CAN BUS
	信号形式		差分电压
	最大延时/s		10

2. 召唤箱的构成

1）外壳：包括安装底座、上部可拆卸塑料外壳和下部可拆卸金属外壳，如图3-1-3所示。

  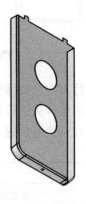

a) 安装底座　　　　b) 上部可拆卸塑料外壳　　　　c) 下部可拆卸金属外壳

图3-1-3　召唤箱外壳

2）外召指令按钮、锁梯钥匙开关（特定楼层）、显示电路板：如图3-1-4所示。

四、任务实施

（一）任务提出

安装楼层召唤箱。

（二）任务目标

1）熟悉楼层召唤箱的结构和原理。

2）掌握楼层召唤箱的安装工艺及要求。

a）外召指令按钮　　b）锁梯钥匙开关（特定楼层）　　c）显示电路板

图3-1-4　召唤箱按钮及内部

（三）实施步骤

1. 安装环境

召唤箱安装环境要求见表3-1-2。

表3-1-2　召唤箱安装环境

项　目	要　求
海拔/m	≤1000
温度/℃	-15~70
相对湿度	最湿月平均最高相对湿度≤90%，同时该月平均最低气温≤25℃
电压(DC)/V	$24×(1±7\%)$
空气质量	无腐蚀性、易燃性气体和导电尘埃

2. 安装注意事项

安装注意事项有当心触电、必须戴防护手套、必须穿防护鞋及必须戴安全帽等，见表3-1-3。

表3-1-3　安装注意事项

标志				
含义	当心触电	必须戴防护手套	必须穿防护鞋	必须戴安全帽

3. 常用工具

常用工具有线锤、宽座角尺、螺钉旋具、电钻及气筒，见表3-1-4。

表3-1-4　常用工具

编号	工具1	工具2	工具3	工具4	工具5
实物图					
名称	线锤	宽座角尺	螺钉旋具	电钻	气筒

4. 安装方法

1）按照召唤箱安装图，如图 3-1-5 所示，在墙上用线锤（工具 1）标铅锤线；使宽座角尺（工具 2）垂直端平行于铅锤线，水平端以召唤箱出线孔中心为中心，在左右两边对称各 33.25mm（尺寸因厂家而异）处标出打孔位置；在此打孔位置垂直方向上下各 115mm（尺寸因厂家而异）处标出另外 4 个打孔位置；其间用召唤箱对比，保证打孔位置与召唤箱螺钉孔对准。

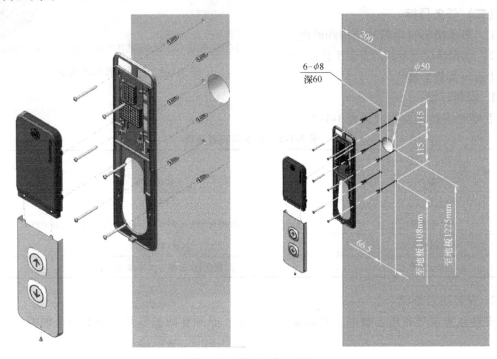

图 3-1-5　召唤箱安装图

2）用电钻（工具 4）在六个打孔位置处分别打孔（深度：60mm），用气筒（工具 5）将孔内灰尘吹干净，装入塑料胀管。钻孔方法如图 3-1-6 所示。

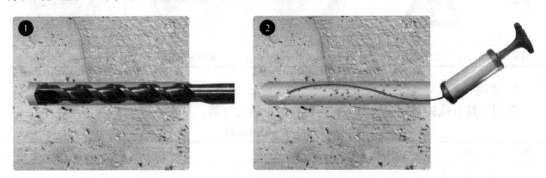

图 3-1-6　钻孔方法

3）用螺钉旋具（工具 3）将召唤箱底部的螺钉卸除，用手向外拉召唤箱下部可拆卸金属外壳以拆除；然后将召唤箱上部可拆卸塑料外壳下推，并外拉以卸除，从而露出召唤箱上所有螺钉安装孔。

4）完成电气接线（参照工厂随发的接线图样）。将召唤箱电缆从配线出口引入井道线槽。

5）将召唤箱上的螺钉安装孔对准墙上打好的安装孔，用螺钉旋具（工具3）和螺钉将召唤箱固定于墙上，其间使用线锤保证竖直。用灰浆将召唤箱周围的间隙塞上，进行外墙装饰和塞召唤箱间隙时，必须进行防护，不要让灰浆进入到召唤箱里面，特别是不要损坏包着召唤箱插接器的塑料袋，以免插接器受潮或是有粉尘进入。

6）将召唤箱上部可拆卸塑料外壳对准衔接孔，向内按压插入，然后向上推以卡定。然后将召唤箱下部的可拆卸金属外壳对准上部可拆卸塑料外壳底部的衔接孔，上推再下压以安装到位。最后用螺钉旋具（工具3）将召唤箱底部的螺钉旋紧以固定。

5. 安装要求

召唤箱安装应横平竖直，其误差应不大于4/1000；如果指示灯盒装在层门顶上，则要求其中心与门中线偏差不大于5mm；召唤箱的面板应盖平，遮光罩良好，不应有漏光和串光现象；按钮及开关应灵活可靠，不应有阻塞现象。

6. 召唤箱功能检测

召唤箱功能检测必须在电梯快车调试完成后进行。

（1）外召指令按钮控制

1）顺向截车：按下外召指令按钮，对应外召指令按钮灯应点亮并登记到主控板。当电梯运行方向与所登记外召方向相同时，电梯到达呼叫楼层后停靠开门。电梯减速后外召指令按钮灯熄灭。

2）当前楼层开门：当电梯关门停靠在当前楼层时，按下当前楼层的外召指令按钮，电梯应立即开门。

3）最远呼梯：当电梯没有轿内指令信号时，无论电梯当前运行方向如何，按下外召指令按钮后电梯都响应该外召信号。

（2）楼层、运行方向及特殊字符显示

1）楼层和运行方向显示：召唤箱应显示电梯当前所处楼层的楼层码，电梯运行时应能显示电梯当前的运行方向。

2）特殊字符显示：电梯处于检修状态时，召唤箱显示"IF"字符；复位后电梯找平层时，召唤箱显示"JU"字符；电梯出现故障时，召唤箱显示"——"。

（3）锁梯钥匙开关与消防开关（特定楼层）　在装有锁梯钥匙开关的楼层将锁梯钥匙开关旋至锁定状态，电梯应不再登记内外呼梯信号，且电梯响应完既有登记信号后，应关门停靠在锁梯楼层，一段时间后（时间可设定），电梯自动切断轿厢内照明和风扇，且轿厢操作面板灯熄灭。

在装有消防开关楼层按下消防开关后，电梯应取消当前登记的内外呼梯信号并禁止进一步登记内外呼梯信号。电梯就近平层开门，然后关门驶往消防基站楼层。到达消防基站楼层后，电梯开门停止在基站楼层。

（四）任务总结

1）通过安装召唤箱，熟悉召唤箱的结构及工作原理。

2）通过安装召唤箱，掌握召唤箱安装标准要求及施工工艺。

五、思考与练习

1）简述召唤箱的功能。

2）简述召唤箱的种类及安装位置。

3）简述召唤箱的安装标准。

任务二　电梯平层装置的安装

一、教学目标

终极目标：独自安装电梯平层装置。

促成目标：1）熟悉电梯平层装置的结构和原理。

2）掌握电梯平层装置的安装工艺及要求。

二、工作任务

1）按标准要求安装电梯平层装置。

2）接线调试。

三、相关知识

电梯平层定位系统要求安全、可靠，电梯在每一楼层停靠位置都精确到毫米，从而避免乘客在电梯边缘绊倒。

电梯到达层站时，首先通过减速装置将电梯由高速转入平层速度的切入点，即减速开始。电梯进入平层减速运行，并经过多段减速后，由平层装置保证轿门地坎与层门地坎相平。同时，隔磁板开始进入楼层位置感应器间隙内，触发楼层位置感应器动作，传递信号到主机，显示所到达楼层数。电梯平层装置如图 3-2-1 所示。

四、任务实施

（一）任务提出

安装电梯平层装置。

（二）任务目标

1）熟悉电梯平层装置的结构和原理。

2）掌握电梯平层装置的安装工艺及要求。

（三）实施步骤

1. 安装注意事项

安装注意事项有当心触电、必须戴防护手套、必须穿防护鞋及必须戴安全帽等，见表 3-2-1。

表 3-2-1　安装注意事项

标志				
含义	当心触电	必须戴防护手套	必须穿防护鞋	必须戴安全帽

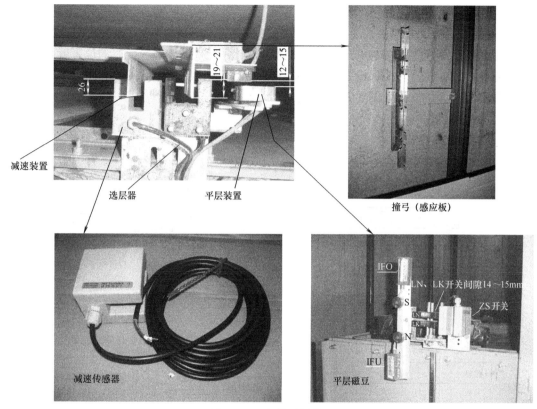

图 3-2-1 电梯平层装置

2. 常用工具

常用工具有线锤、宽座角尺及螺钉旋具等，见表 3-2-2。

表 3-2-2 常用工具

编号	工具 1	工具 2	工具 3
实物图			
名称	线锤	宽座角尺	螺钉旋具

3. 安装要求

1）平层感应板、减速感应板和极限撞弓的垂直度要求不大于 1/1000，且通过感应器时隔磁板两侧间隙相等，各侧间隙不小于 7mm。

2）平层时，平层精度为 ±15mm。

3）轿厢超出底层或顶层平层 30 ~ 50mm 时下限位开关或上限位开关动作，且轿厢或对重接触相应的缓冲器前下极限开关或上极限开关动作。

4）各支架连接牢固，当支架落在导轨连接板上时，应改变连接孔位，以防与导轨连接板重合。

5）感应板应能上、下、左、右调节，调节后螺栓应可靠锁紧，电梯正常运行时不得与感应器产生摩擦，严禁碰撞。

4. 安装步骤

1）选层器组件的安装。选层器组件由轿顶感应组件和选层器叶片组件两部分组成。当电梯平层时轿顶感应组件中心应正对每层的选层器叶片组件的中心，此时的位置就是各选层器叶片组件的安装位置。平层设备的安装如图3-2-2所示。

轿顶感应组件的安装如图3-2-3所示。

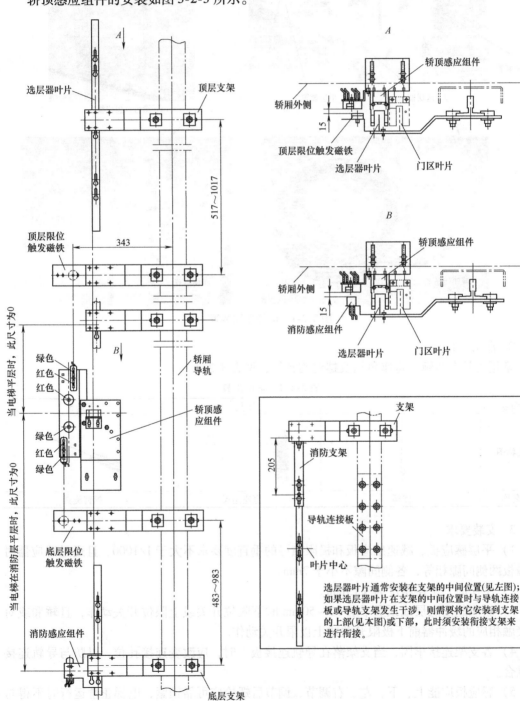

图 3-2-2　平层设备的安装

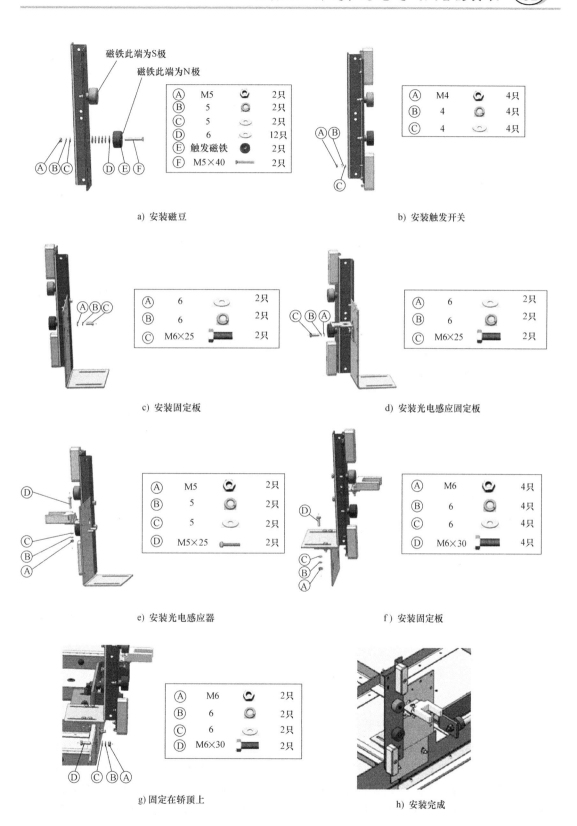

a) 安装磁豆

b) 安装触发开关

c) 安装固定板

d) 安装光电感应固定板

e) 安装光电感应器

f) 安装固定板

g) 固定在轿顶上

h) 安装完成

图 3-2-3　轿顶感应组件的安装

选层器叶片组件的安装如图 3-2-4 所示。

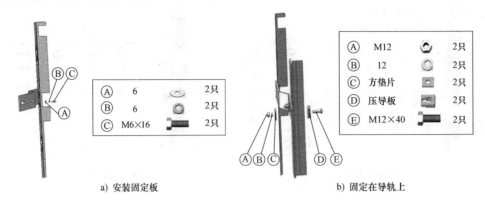

Ⓐ	6	2只
Ⓑ	6	2只
Ⓒ	M6×16	2只

a) 安装固定板

Ⓐ	M12	2只
Ⓑ	12	2只
Ⓒ	方垫片	2只
Ⓓ	压导板	2只
Ⓔ	M12×40	2只

b) 固定在导轨上

图 3-2-4　选层器叶片组件的安装

2）消防感应组件的安装。每台电梯安装一个消防感应组件，安装时使其中心与消防层选层器叶片组件的中心重合，如图 3-2-2 所示。消防感应组件的安装如图 3-2-5 所示。

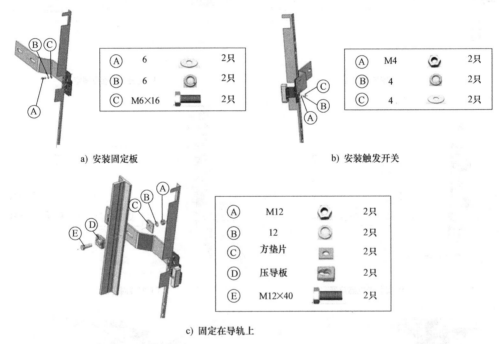

Ⓐ	6	2只
Ⓑ	6	2只
Ⓒ	M6×16	2只

a) 安装固定板

Ⓐ	M4	2只
Ⓑ	4	2只
Ⓒ	4	2只

b) 安装触发开关

Ⓐ	M12	2只
Ⓑ	12	2只
Ⓒ	方垫片	2只
Ⓓ	压导板	2只
Ⓔ	M12×40	2只

c) 固定在导轨上

图 3-2-5　消防感应组件的安装

3）限位触发开关组件的安装（此开关只有在检修运行时有效）。当轿厢向下运行，其地坎距最下层层门地坎 483～983mm 时，底层限位触发磁铁感应轿顶感应组件，电梯停止向下运行，但电梯可向上运行，这时轿顶感应组件与底层限位触发磁铁的对应位置即是底层限位触发磁铁的安装位置。当轿厢向上运行时，其地坎距最上层层门地坎 517～1017mm，顶层限位触发磁铁感应轿顶感应组件，电梯停止向上运行，但电梯可向下运行，这时轿顶感应组件与顶层限位触发磁铁的对应位置即是底层限位触发磁铁的安装位置，如图 3-2-2 所示。

限位触发开关组件的安装如图 3-2-6 所示。

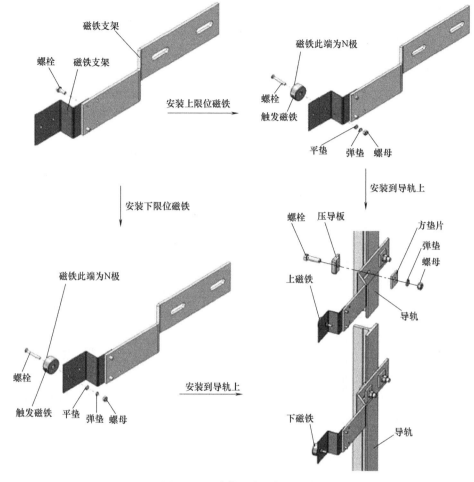

图 3-2-6 检修限位组件的安装

（四）任务总结

1）通过安装电梯平层装置，熟悉电梯平层装置的结构及工作原理。

2）通过安装电梯平层装置，掌握电梯平层装置安装标准要求及施工工艺。

五、思考与练习

1）简述电梯平层原理。

2）简述电梯平层装置所包含的部件。

3）简述平层装置的安装标准。

任务三 井道电气保护装置的安装

一、教学目标

终极目标：独自安装井道电气保护装置。

促成目标：1）熟悉井道电气保护装置的结构和原理。

2）掌握井道电气保护装置的安装工艺及要求。

二、工作任务

1）按标准要求安装井道电气保护装置。

2）接线调试。

三、相关知识

"蹲底"是指电梯的轿厢在控制系统失效的情况下发生垂直下坠的现象。"冲顶"是指轿厢失去控制冲到电梯井道的顶部。为了防止电梯轿厢到达顶层或底层后无法正常停止而产生"蹲底""冲顶"，井道中需设置终端保护开关，在电气控制上加以保护，如图3-3-1所示。

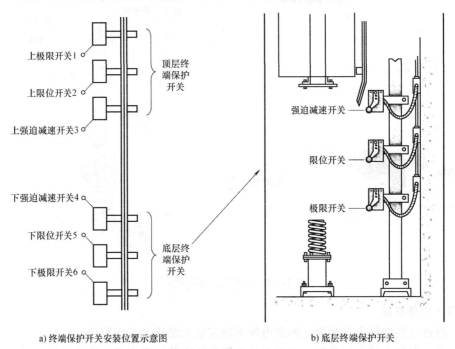

a) 终端保护开关安装位置示意图　　　　b) 底层终端保护开关

图 3-3-1　终端保护开关

终端保护开关有多重设置。第一级保护是强迫减速开关，当电梯到达端站时，压到这个开关，同方向上电梯就必须减速，不能再做快速运行，以保护乘客安全；第二级保护是限位开关，当电梯到达端站时，压到这个开关，同方向上电梯就不能再做慢速运行；第三级保护就是极限开关，当电梯到达端站时，如果前面说的快车限位、慢车限位都失效，那么压到这个开关，任何方向上电梯就不能再做任何运行。三个开关对于电梯的速度限制依次递进，且后面一个开关为前面一个开关失效的保障，三者的区别在于速度限制功能与安装位置。

终端保护开关安装工艺要求如下：

1）强迫减速开关安装在井道的两端，当电梯失控冲向端站时，首先要碰撞强迫减速开关，该开关在正常换速点相应位置动作，以保证电梯有足够的换速距离。强迫减速开关之后为第二级保护的限位开关，当电梯到达端站平层超过 50~100mm 时，碰撞限位开关，切断控制回路，使电梯不能同向运行；当平层超过100mm左右时，碰撞第三级即极限开关，使电梯在上下两个方向都不能运行，且保证极限开关在碰触缓冲器之前动作。

2）快、高速电梯在短距离（单层）运行时，因未有足够的距离使电梯达到额定速度，需要减少减速距离，需在端站强迫减速开关之后加设一级或多级短距离（单层）减速开关，这些开关的动作时间略滞后于同级正常减速动作时间，当正常减速失效时，该装置（一级或多级短距离（单层）减速开关）按照规定级别进行减速。

3）开关安装应牢固，不得焊接固定，安装后要进行调整，使其碰轮与碰铁可靠接触，开关触点可靠动作，碰轮沿碰铁全长移动不应有卡阻，且碰轮被碰撞后还应略有压缩裕量。当碰铁脱离碰轮后，其开关应立即复位，碰轮距碰铁边≥5mm。

4）开关碰轮的安装方向应符合要求，以防损坏。

5）碰铁一般安装在轿厢侧面，应无扭曲、变形，表面应平整光滑。安装后调整其垂直度偏差不大于1‰，最大偏差不大于3mm（碰铁的斜面除外）。

四、任务实施

（一）任务提出
安装井道电气保护装置。

（二）任务目标
1）熟悉井道电气保护装置的结构和原理。

2）掌握井道电气保护装置的安装工艺及要求。

（三）实施步骤

1. 安装注意事项

安装注意事项有当心触电、必须戴防护手套、必须穿防护鞋及必须戴安全帽等，见表3-3-1。

表3-3-1　安装注意事项

标志				
含义	当心触电	必须戴防护手套	必须穿防护鞋	必须戴安全帽

2. 常用工具

常用工具有线锤、宽座角尺及螺钉旋具，见表3-3-2。

表3-3-2　常用工具列表

编号	工具1	工具2	工具3
实物			
名称	线锤	宽座角尺	螺钉旋具

3. 终端保护开关安装要求

1）井道强迫减速开关应顺时针方向安装，不能逆向安装。

2）开关与撞弓前后应居中，碰轮距撞弓边距离应控制在 5 ~ 10mm 之间，如图 3-3-2 所示。如开关与撞弓间隙太大，开关爬电距离会不够，同样可能会出现电梯冲顶或蹲底等不正常现象。

3）撞弓应无扭曲、变形，安装后调整其垂直度偏差不大于长度的 1/1000，最大偏差不大于 3mm（撞弓的斜面除外）。

4）开关安装应牢固，安装后要进行调整，使其碰轮与撞弓可靠接触，开关触点可靠动作，碰轮略有压缩裕量。碰轮距撞弓边不小于 5mm。

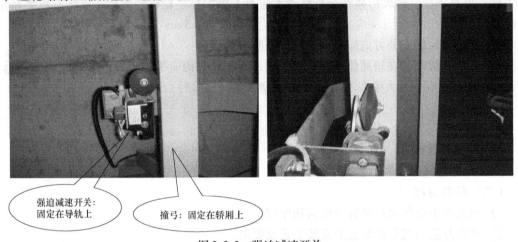

强迫减速开关：固定在导轨上

撞弓：固定在轿厢上

图 3-3-2　强迫减速开关

4. 终端保护开关安装方法

以极限开关为例，讲解安装方法。

以轿厢地坎与层门地坎的相对位移为参照，当轿厢地坎超越最下层层门地坎和最上层层门地坎各 150mm 时，要求撞弓将极限开关碰断，切断电源。这时轿厢上的撞弓与上、下极限开关碰轮的对应位置即是极限开关的安装位置。极限开关安装要求如图 3-3-3 所示。

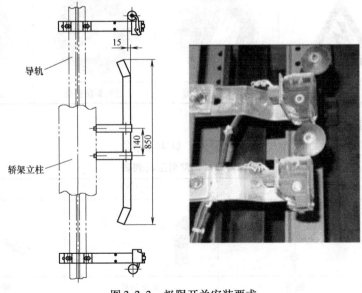

导轨

轿架立柱

15

140

850

图 3-3-3　极限开关安装要求

注意： 对重侧置电梯中，极限开关组件、撞弓组件和限速器安装在同一象限（即极限开关组件和撞弓组件被夹在限速器钢丝绳当中）。

撞弓的安装如图 3-3-4 所示。

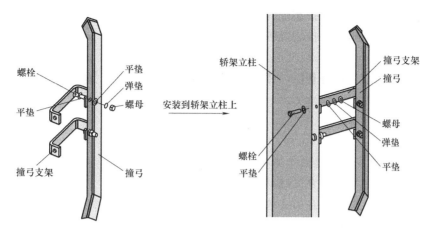

图 3-3-4　撞弓安装

极限开关的安装如图 3-3-5 所示。

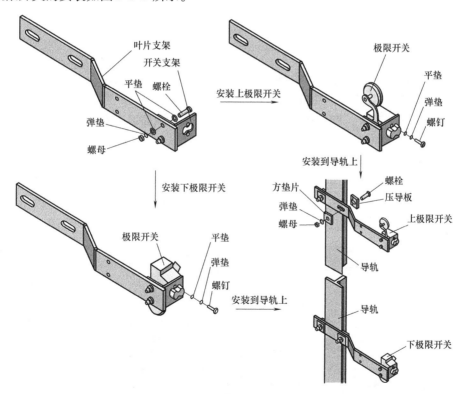

图 3-3-5　极限开关安装

（四）任务总结

1）通过安装井道电气保护装置，熟悉井道电气保护装置的结构及工作原理。

2）通过安装井道电气保护装置，掌握井道电气保护装置安装标准要求及施工工艺。

五、思考与练习

1）简述电梯井道电气保护原理。

2）简述电梯井道电气保护装置的组成。

3）简述电梯井道电气保护装置的安装位置。

任务四　井道电气辅助设备的安装

一、教学目标

终极目标：独自安装井道电气辅助设备。

促成目标：1）熟悉井道电气辅助设备的组成和原理。

2）掌握井道电气辅助设备的安装工艺及要求。

二、工作任务

1）按标准要求安装井道电气辅助设备。

2）接线调试。

三、相关知识

为了方便维保人员正常操作，电梯井道内安装有一些电气辅助设备。

（1）井道照明　GB 7588—2003《电梯制造与安装安全规范》第5.9条规定"井道应设置永久性的电气照明装置，即使在所有的门关闭时，在轿顶面以上和底坑地面以上1m处的照度均至少为50lx。照明应这样设置：距井道最高和最低点0.50m以内各装设一盏灯，再设中间灯"；第13.6.1条规定"轿厢、井道、机房和滑轮间照明电源应与电梯驱动主机电源分开，可通过另外的电路或通过与13.4规定的主开关供电侧相连，而获得照明电源"；第13.6.3.2条规定"井道照明开关（或等效装置）应在机房和底坑分别装设，以便这两个地方均能控制井道照明"。一般轿厢顶上装有36V安全电压的手持照明灯，如图3-4-1所示。

图 3-4-1　井道照明

（2）中间接线盒（简称中线盒）　用来接收井道内开关等信号，比如井道照明、极限开关、限位开关、减速开关、通到轿底的电话、缓冲器开关、涨紧轮开关、底坑检修开关、通到每层的门锁及呼梯按钮等发出的信号，通过中间接线盒传到控制柜。现代电梯一般不再使用中间接线盒，所有信号直接传到机房控制柜。

（3）检修盒　分为轿顶检修盒和底坑检修盒，在检修电梯的时候，用来控制电梯慢车上下（轿顶检修有）、急停等，如图 3-4-2 所示。

a) 检修盒外观　　　　　　　　　　　　　　b) 底坑检修盒

图 3-4-2　检修盒

四、任务实施

（一）任务提出
安装井道电气辅助设备。

（二）任务目标
1）熟悉井道电气辅助设备的组成和原理。
2）掌握井道电气辅助设备的安装工艺及要求。

（三）实施步骤

1. 安装注意事项

安装注意事项有当心触电、必须戴防护手套、必须穿防护鞋及必须戴安全帽等，见表 3-4-1。

表 3-4-1　安装注意事项

标志				
含义	当心触电	必须戴防护手套	必须穿防护鞋	必须戴安全帽

2. 常用工具

常用工具有线锤、宽座角尺、螺钉旋具、电钻及气筒等，见表 3-4-2。

3. 安装要求

（1）井道照明

表 3-4-2　常用工具列表

编号	工具 1	工具 2	工具 3	工具 4	工具 5
实物图					
名称	线锤	宽座角尺	螺钉旋具	电钻	气筒

1）由底坑向上 0.5m 起至井道顶端安置的照明灯具，每两灯之间的间隔最大不应超过 7m，井道顶部 0.5m 内应设一盏照明灯具，如图 3-4-3 所示。

2）井道照明灯具应安装在井道中无运行部件碰撞的安全位置，且能有效照亮井道。

3）井道照明灯具配线采用 25mm 塑料线槽敷设，照明灯电源接至机房低压电源箱内，通过其开关可控制井道照明。

4）各灯具外壳要求可靠接地。

5）井道照明电源宜采用 36V；当采用 220V 时，应装设剩余电流动作保护器。

（2）中间接线盒

1）中间接线盒设在梯井内，其高度按下式确定：

高度（最底层层门地坎至中间接线盒底的垂直距离）= 电梯行程 + 1500mm + 200mm

若中间接线盒设在夹层或机房内，其盒底距夹层或机房地面不低于 300mm。

2）接线盒安装前应检查是否平整、牢固，是否有穿管孔。盒内是否有飞边，不符合要求的接线盒不得使用。

3）中间接线盒水平位置要根据随行电缆既不能碰轨道支架又不能碰层门地坎的要求确定。若井道较小，轿门地坎和中间接线盒在水平位置上的距离较近时，要统筹计划，其间距不得小于 40mm。

4）中间接线盒用膨胀螺栓固定于墙壁上，如图 3-4-4 所示。

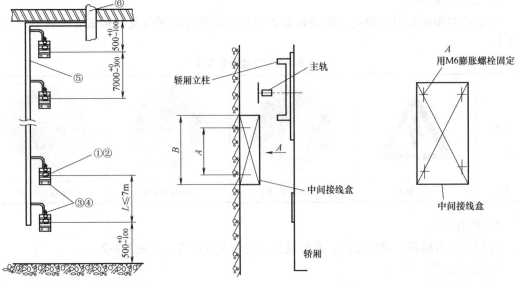

图 3-4-3　井道照明的安装要求　　　　　　图 3-4-4　中间接线盒的安装

（3）检修盒

1）底坑检修盒的安装位置应选择在距线槽或电源接线盒较近、操作方便、不影响电梯运行的地方。

2）底坑检修盒用膨胀螺栓固定在井壁上。检修盒、电线管、线槽之间都要跨接地线。

3）轿顶检修盒一般固定在轿架的上梁上。有些电梯直接将轿顶检修盒固定在轿厢操纵面板顶部。

（四）任务总结

1）通过安装井道电气辅助设备，熟悉井道电气辅助设备的结构及工作原理。

2）通过安装井道电气辅助设备，掌握井道电气辅助设备安装标准要求及施工工艺。

五、思考与练习

1）简述电梯井道电气辅助设备的工作原理。

2）简述电梯井道电气辅助设备的组成。

3）简述电梯井道电气辅助设备的安装位置。

项目四　轿厢周围电气设备的安装

随着电梯技术的不断进步，乘客对电梯的舒适性要求不断提高，轿厢周围的电气设备也越来越丰富，既包含必须配备的设备，如轿厢操纵箱、轿厢照明、风扇及轿门保护装置等，也有提升电梯性能的可选配件，如残疾人操纵箱（无障碍电梯必配）、轿厢空调等。

任务一　轿厢操纵箱的安装

一、教学目标

终极目标：独自安装轿厢操纵箱。

促成目标：1）熟悉轿厢操纵箱的结构和原理。

2）掌握轿厢操纵箱的安装工艺及要求。

二、工作任务

1）按标准要求安装轿厢操纵箱。

2）接线调试。

三、相关知识

（1）轿厢操纵箱结构　轿厢操纵箱安装于电梯轿厢内装有轿门一侧的轿壁上，是电梯乘客登记服务的主要设备。其外观如图4-1-1所示。

（2）轿厢操纵箱技术指标　轿厢操纵箱的技术参数见表4-1-1。

（3）轿厢操纵箱的功能　轿厢操纵箱提供如下功能：

轿内指令按钮控制；楼层、运行方向指示；开、关门按钮控制；轿厢紧急通信；轿厢紧急照明；警铃按钮控制；特殊信息显示及声光报警；VIP运行开关控制；司机运行控制（可选）。

（4）轿厢操纵箱的构成　轿厢操纵箱主要由外壳和内部的电路板构成。具体构成如下：

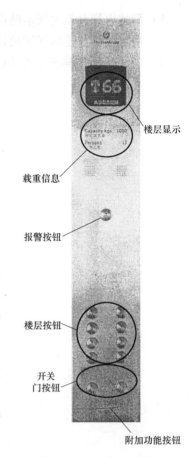

图 4-1-1　轿厢操纵箱

1）外壳。轿厢操纵箱的外壳用于安装各个电路板并提供与其他电梯部件的接口，其镶嵌安装于轿厢内壁内。

2）控制电路板。控制电路板提供如下功能：轿内指令按钮控制；轿内显示控制；轿内信号输入/输出；CAN BUS通信。

某品牌控制电路板外观如图4-1-2所示。

表 4-1-1　轿厢操纵箱的技术参数

类别	项目		参数
电源	额定输入电压(DC)/V		24
	输入电压允许范围(DC)/V		24 ± 0.3
	额定输入电流/A		0.1
输入端	输入方式		光耦合
	输入电压(DC)/V	"1"信号	12 ~ 24
		"0"信号	0 ~ 5
	输入电流/mA	"1"信号	0 ~ 2
		"0"信号	4 ~ 7
	延时/ms		10
	输入频率/kHz		<1
	电缆长度/m	屏蔽线	400
		非屏蔽线	200
输出端	输出方式		继电器输出
	负载电压	额定值	DC 24V/AC 24 ~ 230V
		允许范围	DC 5 ~ 30V/AC 20 ~ 250V
	负载容量	阻性负载/A	5
		感性负载/A	3
		灯负载/W	100
	电缆长度/m	屏蔽线	400
		非屏蔽线	200
通信	通信方式		CAN BUS
	信号形式		差分电压
	最大延时/ms		10

图 4-1-2　控制电路板

3）显示控制板。显示控制板主要用于轿厢内楼层、运行方向指示，特殊信息提示及声光报警，如"超载""火警返回"和"消防运行"等。其外观如图4-1-3所示。

4）紧急通信轿厢分机。紧急通信轿厢分机用于轿厢内人员与机房及监控室人员的通话。

a）正面

b）背面

图4-1-3　显示控制板

5）轿厢应急照明灯。轿厢应急照明灯用于断电情况下轿厢的照明。

四、任务实施

（一）任务提出

安装轿厢操纵箱。

（二）任务目标

1）熟悉轿厢操纵箱的结构和工作原理。

2）掌握轿厢操纵箱的安装工艺及要求。

（三）实施步骤

1. 安装环境

轿厢操纵箱的安装环境要求见表4-1-2。

表4-1-2　轿厢操纵箱的安装环境要求

项　目	要　求
海拔/m	≤1000
温度/℃	5～40
相对湿度	最湿月平均最高相对湿度≤90%，同时该月平均最低气温≤25℃
电压	额定电压×（1±7%）
空气质量	无腐蚀性、易燃性气体和导电尘埃

2. 安装注意事项

安装注意事项有当心触电、必须戴防护手套、必须穿防护鞋及必须戴安全帽等，见表4-1-3。

表 4-1-3　安装注意事项

标志	⚡	🧤	👞	⛑
含义	当心触电	必须戴防护手套	必须穿防护鞋	必须戴安全帽

3. 常用工具

常用工具有内六角扳手、宽座角尺等，见表 4-1-4。

表 4-1-4　常用工具

编号	工具 1	工具 2
实物图		
名称	内六角扳手	宽座角尺

4. 安装方法

用工具 1 将支架与 COP 相连，再将支架与轿壁、立柱相连。**注意**：轿壁拼接处的左右误差严格控制在 0.5mm 以内，轿壁高度范围内前后左右的安装误差应控制在 2mm 内。具体安装步骤如图 4-1-4 所示。

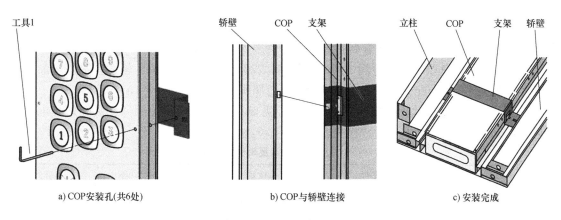

a) COP 安装孔(共6处)　　　b) COP 与轿壁连接　　　c) 安装完成

图 4-1-4　COP 安装步骤

5. 电气接线

轿厢操纵箱通过电缆与电梯其他部件连接，包含紧急通信轿厢分机、轿厢应急照明灯和警铃连接电缆、轿厢通信电缆、轿厢电源及控制电缆的连接。按照工厂随发的接线指导书中各端子标识进行电气接线。

注意：轿厢操纵箱安装和接线完毕后，需要进行清洁，以确保面板特别是其中的电路板上不能有金属碎屑和线头等残留物品，并保证没有部件缺少且各部件固定可靠。

6. 轿厢操纵箱功能检测

轿厢操纵箱功能检测必须在电梯快车调试完成后进行。

(1) 轿内指令按钮控制功能检测

1) 依次按下轿厢操纵箱上的轿内指令按钮，所有按钮灯应点亮且相应的轿内指令登记到电梯主控板上。电梯按一定的顺序响应这些指令信号。观察电梯在响应指令信号运行中，轿厢操纵箱上的显示屏显示的电梯运行方向、电梯所在楼层的楼层码是否与要求显示的内容一致。电梯到达某一目的楼层减速点后，相应楼层的轿内指令按钮灯应暗掉并消号。

注意： 按压当前楼层对应的轿内指令按钮后不点亮按钮灯也不登记指令。

2) 电梯运行方向改变后，应消除所有已登记的轿内指令信号，所有轿内指令按钮暗掉。

3) 双击轿内指令按钮可以取消相应已登记的轿内指令信号。

(2) 楼层、运行方向指示功能检测　见（1）中描述。

(3) 开、关门按钮控制功能检测

1) 当电梯处于自动运行或检修运行状态且电梯处于平层位置时，按下轿厢操纵箱上的开、关门按钮，门机将执行相应的开、关门操作。

2) 如轿厢装有前后门时，前后门旁的轿厢操纵箱上的开、关门按钮只能控制各自的门机执行相应的开、关门操作。

(4) 轿厢紧急通信功能检测

1) 按下轿厢操纵箱上紧急通信轿厢分机的呼叫按钮后，与之相连的紧急通信控制柜分机和监控室中的紧急通信主机应有来电响铃提示。拿起控制柜分机或监控室主机受话器并按下通话按钮后，应能和轿厢分机实现通话，且通话声音清晰舒适，无噪声、回音和啸叫声。

2) 从监控室的紧急通信主机或机房的控制柜分机按下轿厢分机按钮后，应能和轿厢分机实现通话，且通话声音清晰舒适，无噪声，无回音和啸叫声。

(5) 警铃按钮控制功能检测　持续按下轿厢操纵箱上的警铃按钮，与其相连接的警铃应连续发出警铃声报警，释放警铃按钮后，警铃声立即停止。

(6) 轿厢紧急照明功能检测　断开轿厢 AC 220V 照明电源开关，轿厢操纵箱上的紧急照明灯应点亮。标准配置的应急电源应能使紧急照明灯持续点亮至少 1h。

(7) 特殊信息显示及声光报警功能检测　需要在电梯其他相关部件安装完好且电梯其他相关功能完备的情况下进行，检测表见表 4-1-5。

表 4-1-5　特殊信息显示及声光报警功能检测

序号	功能	触发条件	响应状态	相关功能	相关部件
1	超载显示，报警	轿厢载重量超出额定载重量 10%	显示系统设定的超载字符，同时响警报声提示	超载保护	称重设备
2	司机运行显示	触发司机钥匙开关	显示系统设定的司机运行字符（详见司机运行控制）	司机运行	6 MF4 板
3	锁梯显示	触发锁梯钥匙开关	显示系统设定的锁梯字符	锁梯	锁梯钥匙开关
4	火警返回显示，报警	触发火警返回钥匙开关	显示系统设定的火警返回字符，并响警报声报警	火警返回	火警返回钥匙开关

（续）

序号	功能	触发条件	响应状态	相关功能	相关部件
5	消防运行显示，报警	触发消防运行钥匙开关	消防返回过程中显示系统设定的消防返回字符，并响警报声报警；返回消防基站后取消报警并恢复正常显示	消防运行	消防运行钥匙开关

注：上表中系统设定字符会因电梯控制系统不同而有所不同，详见电梯系统相关功能说明。

（8）VIP 运行开关功能检测

1）触发轿厢操纵箱上的"VIP"开关，楼层召唤箱面板显示系统设定的 VIP 运行字符，电梯进入 VIP 运行状态。

2）在 VIP 运行状态下，电梯到站后能自动开门，但必须在有轿内指令并持续按下关门按钮后，电梯才能关门。

3）VIP 运行过程中，电梯不应答所有外召指令。

4）复位轿厢操纵箱上的"VIP"开关后，电梯恢复到自动运行状态。

（9）司机运行控制功能检测（可选）　该功能检测在确认轿厢操纵箱配置有司机运行控制功能的情况下进行。步骤如下：

1）触发轿厢操纵箱上的"司机"开关后，电梯进入司机运行控制状态。如果此时电梯处于平层处且电梯门处于关闭状态，电梯门应自动打开。

2）在司机运行控制状态下，电梯响应所有内、外呼梯信号。

3）在司机运行控制状态下，电梯到站后能自动开门，但必须在有轿内信号或外召信号并持续按下关门按钮后，电梯才能关门。

4）在司机运行控制状态下，电梯运行方向由司机上行按钮和司机下行按钮控制。

5）在司机运行控制状态下，如果按下直驶按钮，则此次运行电梯只响应轿内指令，但外召指令仍登记。

6）复位轿厢操纵箱上的"司机"开关后，电梯恢复到自动运行状态。

7. 安装残疾人操纵箱

为方便残障人士乘梯时能够顺利操作电梯，国家标准要求无障碍电梯必须安装残疾人操纵箱，如图 4-1-5 所示。安装要求如下：

1）首先卸下 COP 底部的两个螺钉，将 COP 面板与底盒分离。

2）将底盒按图样的位置摆放在壁板上（注意 COP 高度应符合国家标准要求，即所有按钮都必须在离地 900～1200mm 范围内，如图 4-1-6 所示，在壁板上按底盒上的孔位钻出线圆孔及固定孔。

3）将底盒用螺钉固定在壁板上，然后进行 COP 电气部分的接线。

4）最后将面板用螺钉固定在底盒上。

（四）任务总结

1）通过安装轿厢操纵箱，熟悉轿厢操纵箱的结构及工作原理。

2）通过安装轿厢操纵箱，掌握轿厢操纵箱安装标准要求及施工工艺。

五、思考与练习

1）简述轿厢操纵箱的组成。

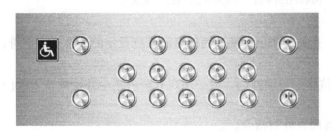

图 4-1-5　残疾人 COP 结构

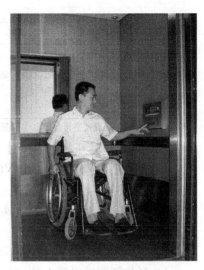

图 4-1-6　残疾人 COP 安装位置

2）简述轿厢操纵箱的功能。

3）简述残疾人操纵箱的安装标准。

任务二　轿厢保护装置的安装

一、教学目标

终极目标：独自安装轿厢保护装置。

促成目标：1）熟悉轿厢保护装置的结构和原理。

2）掌握轿厢保护装置的安装工艺及要求。

二、工作任务

1）按标准要求安装轿厢保护装置。

2）接线调试。

三、相关知识

轿厢保护装置由门保护装置及轿厢称重装置组成。

1. 门保护装置

当乘客在门的关闭过程中被门撞击或可能会被撞击时，门保护装置将停止关门动作使门重新自动开启。门保护装置一般安装在轿门上，常见的有接触式保护装置和光电式保护装置。

接触式保护装置一般为安全触板。两块铝制的触板由控制杆连接悬挂在轿门开口边缘，平时由于自重凸出门扇边缘约 30mm，当关门时若有人或物在门的行程中，安全触板将首先接触并被推入，使控制杆触动微动开关，将关门电路切断，接触开门电路，使门重新开启。

光电式保护装置有些是在轿门边上设两组水平的光电装置，为防止可见光的干扰，一般用红外光。两道水平的红外光好似的整个开门宽度上设了两排看不见的"栏杆",当有人或物在门的行程中遮断了任一根光线时,都会使门重开。还有一种光电式保护装置是在开门整个高度和宽度中由几十根红外线交叉成一个红外光幕,就像一个无形的门帘,遮断其中的一部分门就会重新开启。

红外光幕由红外发射端(TX端)和红外接收端(RX端)组成,TX端和RX端各有四段可分别互换的电子元器件板,排列有红外发射管及红外接收管。在内置程序控制下,每个红外发射管依次发射红外线束,对应的红外接收管依次接收,每次形成一个探测线束,全过程扫描可产生81线的红外线扫描保护光幕,当光幕中任何探测线束被阻挡时,系统报警,并作验证。经确认为真实阻挡后,即产生触发,使电梯门停止关闭,从而达到保护乘客或物体的目的。红外光幕结构及安装位置如图4-2-1所示。

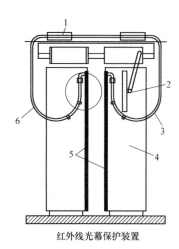

图4-2-1 红外光幕的结构及安装位置
1—控制器 2—门臂 3—连接电缆 4—轿门
5—红外探测器组 6—连接电缆

某品牌红外光幕参数见表4-2-1。

表4-2-1 某品牌红外光幕参数

项 目	参 数
外形尺寸/mm(长×宽×高)	2000×37×9
保护高度/m	1.8
作用距离/m	4
发射管/接收管数目	18 个/端
光眼之间距离/mm	117(上14个光眼),58.5(下4个光眼)
光线数目	81 线
输入电压(DC)/V	标准24
输出类型	NPN
状态指示灯	红色 LED×2(TX端)
自带信号电缆长度/m	4
允许最大环境光照/lx	>100000
EMC 标准	EMC EN 12015,EMI EN 12016
IP 等级	IP54(BS EN 60529:1992)
工作环境温度/℃	-10～55℃
存储环境温度/℃	-20～65℃

2. 轿厢称重装置

为防止电梯超载运行，轿厢上都装有称重装置。称重装置有多种形式，如轿底称量式超载装置、轿顶称量式超载装置等。称重装置一般设定空载（防捣乱功能时用此信号）、满载（额定载重的80%~90%）和超载（额定载重的110%）三个称量限值，不能给出载荷变化的连续信号。随着群控电梯的出现，为了使电梯运行达到最佳的调度状态，需对每台电梯的容流量或承载情况统计分析，然后选择合适的群控调度方式。因此，现代电梯均采用负重传感器作为称量元件，它可以输出载荷变化的连续信号，动作距离一般在7~15mm之间。

四、任务实施

（一）任务提出

安装轿厢保护装置。

（二）任务目标

1）熟悉轿厢保护装置的结构和原理。

2）掌握轿厢保护装置的安装工艺及要求。

（三）实施步骤

1. 安装注意事项

安装注意事项有当心触电、必须戴防护手套、必须穿防护鞋及必须戴安全帽等，见表4-2-2。

表4-2-2 安装注意事项

标志				
名义	当心触电	必须戴防护手套	必须穿防护鞋	必须戴安全帽

2. 安装工具

安装工具见表4-2-3。

表4-2-3 安装工具

实物图			
名称	双头扳手	爬梯	梅花扳手

（续）

实物图			
名称	钢卷尺	钢直尺	水平尺
实物图			
名称	螺钉旋具	电钻	宽座角尺

3. 红外光幕的安装

（1）机械安装　某型号红外光幕的机械安装示意图如图4-2-2和图4-2-3所示。

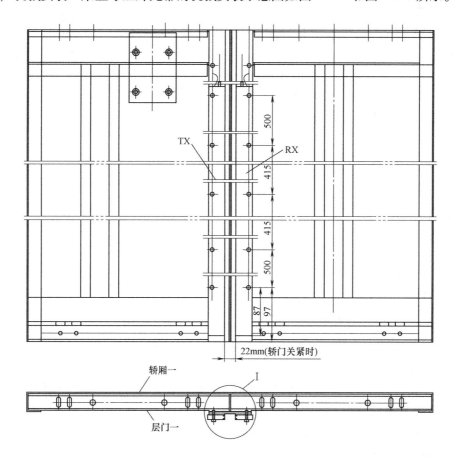

图 4-2-2　红外光幕机械安装示意图

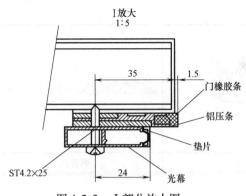

图 4-2-3　Ⅰ部分放大图

（2）电气接线　某型号红外光幕的电气接线示意图如图 4-2-4 所示。

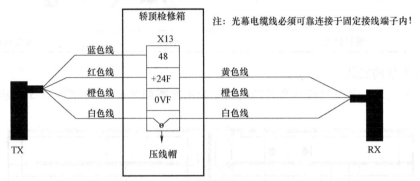

图 4-2-4　某型号红外光幕电气接线示意图

图 4-2-4 中各连线定义如表 4-2-4。

表 4-2-4　某型号红外光幕连线定义表

TX 端		RX 端	
线 色	定 义	线 色	定 义
蓝色线	光幕控制信号输出线（DC 24V 最大输出电流≈250mA）	黄色线	延时复位功能线（连接电源输入线正极，该功能启动）
红色线	电源输入线正极（11～36V）	橙色线	0V 线
橙色线	0V 线	白色线	接收端（RX 端）同步信号连接线（应与发射端（TX 端）的白色线可靠连接）
白色线	发射端（TX 端）同步信号连接线（应与接收端（RX 端）的白色线可靠连接）		

（3）安装注意事项

1）光幕安装完毕后，应保证轿门关紧后发射端和接收端间有 22mm 的距离。

2）光幕电缆线应使用光幕自带的塑料"P"形夹固定在轿门上。电缆线应有裕量以便轿门开、关时能自然屈伸，严禁开、关门时硬性拉扯电缆线。

3）正确选择光幕的输入工作电压，并按照电气图样正确接线。

4）使用中应避免对光幕表面的碰撞。

5）因电梯井道内有较严重的灰尘、水分现象，因此在电梯保养时，应用干布或纸巾对光幕表面的灰尘及水分进行擦拭，保持光幕的整洁。

（4）故障排除 红外光幕的发射端上部有两个红色 LED 指示灯，用来指示光幕的工作状态。表 4-2-5 为 LED 指示灯状态表，对照此表可判断光幕是否处于正常工作状态及可能出现的问题。

表 4-2-5 LED 指示灯状态表

LED 状态	状态描述	可能原因
○ ○	上、下 LED 均无发光	发射端电源未接（红色线）或零线未接（橙色线）
¤ ○	上 LED 闪烁 下 LED 不亮	发射与接收信号线断路（白色线）或零线断路（橙色线）
● ○	上 LED 亮 下 LED 不亮	光幕光束范围内有阻挡物
● ●	上、下 LED 均亮	光幕正常扫描、无阻挡物
● ¤	上 LED 亮 下 LED 闪烁	有光束被旁路，光幕延时复位功能启动，光幕正常扫描

4. 称重装置的安装

现代电梯轿厢包含轿厢体和轿架两部分，这两部分之间采用弹性连接。轿厢体轿底通过弹簧坐落在轿架底梁上，轿顶通过橡胶与轿架上梁相连，如图 4-2-5 和图 4-2-6 所示。这样的弹性连接机构能够增加轿厢的乘坐舒适度，起到减振功能。同时称重装置利用轿厢体与轿架间的间隙变化（此间隙随载重的不同而随时变化），来实时测量轿厢内乘客人数。图 4-2-7 所示是一种应变式负重传感器称重装置，可以装于轿顶，如图 4-2-8 所示，也可安装于机房成活动轿底下，如图 4-2-9 所示。

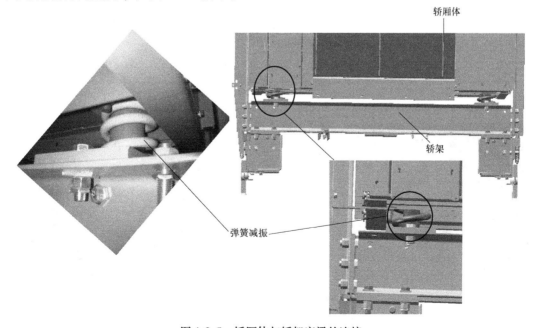

图 4-2-5 轿厢体与轿架底梁的连接

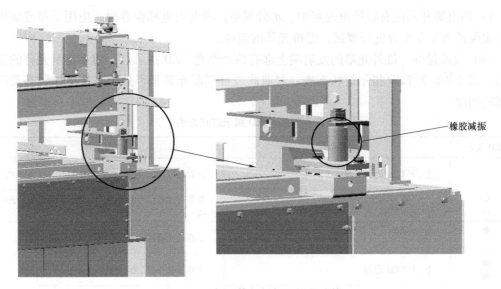

图 4-2-6　轿厢体与轿架上梁的连接

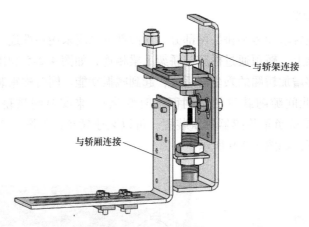

图 4-2-7　称重装置

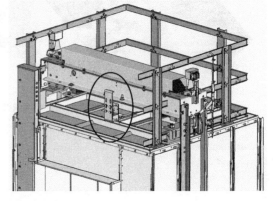

图 4-2-8　装在轿顶的称重装置

图 4-2-9　装在轿底的称重装置

（四）任务总结

1）通过安装轿厢保护装置，熟悉保护装置的结构及工作原理。

2）通过安装轿厢保护装置，掌握保护装置安装标准要求及施工工艺。

五、思考与练习

1）简述轿厢保护装置的组成。

2）简述轿厢保护装置的功能。

3）简述轿厢保护装置的安装标准及安装位置。

任务三　紧急报警与通话装置的安装

一、教学目标

终极目标：独自安装紧急报警与通话装置。

促成目标：1）熟悉电梯紧急报警与通话装置的结构和原理。

2）掌握电梯紧急报警与通话装置的安装工艺及要求。

二、工作任务

1）按标准要求安装电梯紧急报警与通话装置。

2）接线调试。

三、相关知识

（1）电梯紧急报警与通话装置的功能

1）实现电梯监控室、控制柜、轿厢、轿顶和轿底五点间有效联络。

2）轿内乘客单一热键呼叫通话。

3）各点之间实现半双工通话，无须切换操作。

4）系统具有自动挂断功能，自动挂断时间为80s。当通话时间达到80s时，系统自动挂断，如需继续通话，应再次呼通系统；当被呼叫点无人接听时，系统在80s时自动挂断。

5）可进行多点呼叫，且主机有声光提示。

6）停电应急通信，装置配有容量为 1.3A·h 的蓄电池，停电时，可保持静态工作大约 90min。

（2）装置遵循标准　产品严格按照 GB/T 15279—2002《自动电话机技术条件》生产，满足 GB 7588—2003《电梯制造与安装安全规范》的要求，并按照国家 GB 50310—2002《电梯工程施工质量验收规范》进行安装施工。

（3）装置参数　以某电梯紧急报警与通话装置为例。其参数见表 4-3-1。

表 4-3-1　装置参数

编号	项目	参　数
1	单局工作电压(DC)/V	两线制,24(-15% ~ +10%)
2	多局工作电压(DC)/V	三线总线制,24(-15% ~ +10%)
3	静态工作电流/mA	5 部待机状态时, >80
4	工作电流/mA	群呼通话时, >400
5	主机最大输出功率/W	≥0.5
6	分机最大输出功率/W	≥0.1
7	通话音量	≥80dB,声音洪亮、清晰
8	抗干扰能力	≥2kV 的浪涌;≥8kV 的静电
9	衰减度	单局最远 1.5km 时,≤10%
10	通话距离/km	单局最远 1.5(双电源);多局最远 10(适当增加总线电压的情况下)
11	工作背景噪声/dB	≤60
12	工作环境气压/kPa	100.5
13	工作环境温度/℃	-20 ~ +50
14	工作环境相对湿度(%)	52

四、任务实施

（一）任务提出

安装电梯紧急报警与通话装置。

（二）任务目标

1）熟悉电梯紧急报警与通话装置的结构和原理。

2）掌握电梯紧急报警与通话装置的安装工艺及要求。

（三）实施步骤

1. 监控室主机、控制柜分机

（1）规格参数　见表 4-3-2。

表 4-3-2　监控室主机、控制柜电话分机规格参数表

序号	名称	安装位置	外形尺寸/mm （长×宽×高）	安装孔中心距/mm	额定电压/V
1	单局电话主机	监控室	50 × 80 × 200	83.5	24
2	控制柜分机	控制柜	50 × 80 × 200	83.5	24

（2）外观　如图 4-3-1 所示。

（3）安装方法　在监控室和控制柜选取合适安装位置，用电话自带的挂件作标尺，使用划线器标出安装孔位置，用 ST3.5 ×9.5mm 的螺钉固定电话挂件，然后将 FB-36 系列电话

挂于挂件上即可。

注意： 安装位置不能倾斜，不可影响电话其他活动部件的正常使用。

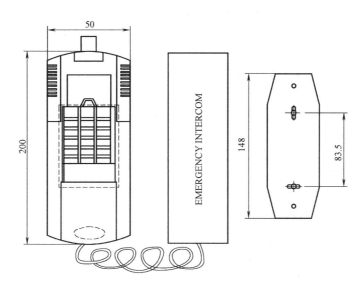

图 4-3-1 监控室主机、控制柜电话分机外观图

2. 轿厢分机

规格参数见表 4-3-3。

表 4-3-3 电梯轿厢分机规格参数表

序号	名称	安装位置	外形尺寸/mm（长×宽×高）	安装孔中心距/mm	额定电压/V
1	电梯轿厢分机	轿厢内	22×77×130	118	24

（1）外观 如图 4-3-2 所示。

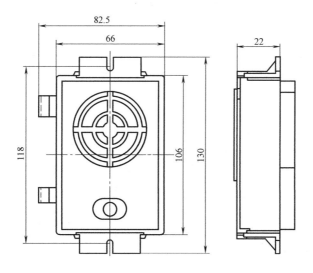

图 4-3-2 电梯轿厢分机外观图

（2）安装方法　打开电梯轿厢操纵箱，将电梯轿厢分机用螺钉固定于电梯轿厢操纵箱的送话器孔处即可。要求安装稳固，电梯轿厢分机的受话器和送话器孔应与电梯轿厢操纵箱上送话器孔的位置相对应，且确保二者之间没有任何屏蔽物或间隙。

3. 轿顶、轿底分机

（1）规格参数　见表4-3-4。

表4-3-4　轿顶、轿底分机规格参数表

序号	名称	安装位置	外形尺寸/mm（长×宽×高）	安装方式	额定电压/V
1	电梯轿顶分机	轿顶	28×65×110	35mm 卡轨安装	24
2	电梯轿底分机	轿底			

（2）外观　如图4-3-3所示。

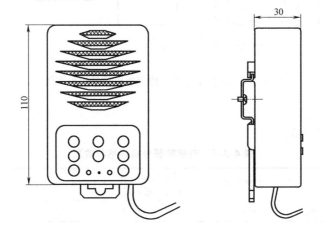

图4-3-3　轿顶、轿底分机外观图

（3）安装方法　用螺钉将分机自带的35mm卡规固定在电梯轿顶/轿底合适的位置上，然后将分机直接卡在卡规上即可。

注意：为适应轿底较恶劣的安装环境，电梯轿底分机比电梯轿顶分机有更高的防水性能，安装时不要将二者装错。

4. 解码适配器

（1）规格参数　见表4-3-5。

表4-3-5　解码适配器规格参数表

序号	名称	安装位置	外形尺寸/mm（长×宽×高）	安装方式	额定电压/V
1	解码适配器	控制柜	113×45×70	62mm×37mm 螺钉安装	40

（2）外观　如图4-3-4所示。

（3）安装方法　在控制柜上选取合适的安装位置，用62mm×37mm的螺钉固定解码适配器即可。

（4）使用说明　解码适配器可通过编码开关设定其所在电梯的地址码。编码开关采用"8421"编码方式，设置时只需将相应的编码开关拨至上方即可。具体设置如图4-3-5所示。

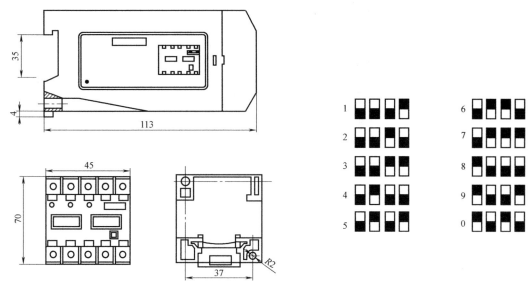

图4-3-4　解码适配器外观图　　　　　　图4-3-5　解码适配器地址码设置

5. 电梯紧急报警与通话装置电源

（1）规格参数　见表4-3-6。

表4-3-6　电梯紧急报警与通话装置电源规格参数

序号	名称	安装位置	外形尺寸/mm（长×宽×高）	安装尺寸/mm（长×宽）	输入电压/V	输出电压/V
1	电梯紧急报警与通话装置电源	轿顶	80×150×248	120×124	220	24/24
2		控制柜				24

（2）外观　如图4-3-6所示。

（3）安装方法　电梯紧急报警与通话装置电源分为单局和多局通信电源，安装于轿顶或控制柜内。安装时，首先用电源自带挂件作标尺，使用划线器标出其安装位置，然后用电钻钻孔，将挂件固定于安装位置，最后用电源自带的固定螺钉将电源固定在挂件上即可。

6. 装置用线要求

各个部件之间的连接建议采用绞合屏蔽线，用线标准见表4-3-7。

表4-3-7　装置用线标准

线型	线截面积/mm²	线阻/(Ω/m)	绞合度/(绞/m)	屏蔽层要求
绞合屏蔽线	0.75	2.4	32	96

根据通信距离长短的不同，需选用不同的线径，具体标准见表4-3-8。

表4-3-8　线径选用标准

通信距离/km	线径要求/mm²
0~1	RVVS(2×2)P×0.75
1~1.5	RVVS(2×2)P×1.5

注：4芯线中一根用作备用线。

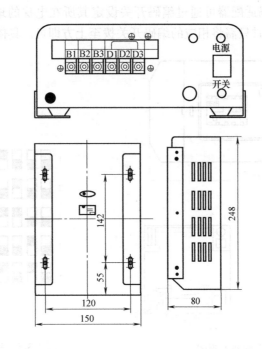

图 4-3-6　电梯紧急报警与通话装置电源外观图

线路校验标准见表 4-3-9。

表 4-3-9　线路校验标准

序号	校验项目	校验设备	校验工具	标准值
1	干线中各线之间绝缘电阻/MΩ		ZC11-2 250V 绝缘电阻表	∞
2	干线中各线与屏蔽层之间绝缘电阻/MΩ		ZC11-2 250V 绝缘电阻表	∞
3	干线中各线与大地之间绝缘电阻/MΩ	机房至轿厢的通信随行电缆及连接主机的通信电缆（电源、通信设备均与电缆脱离）	ZC11-2 250V 绝缘电阻表	∞
4	屏蔽层标准		—	96P
5	线路直流阻值/Ω		万用表电阻档	单位长度标准电阻值×线长＝线路电阻
6	检测电压值（DC）（应急状态）/V		万用表 DC200V 档	24×(1±15%)
7	绞合度		—	32 绞

7. 系统布线

（1）系统布线要求

1）系统布线总原则：尽量减少线路长度。不得首尾相连，形成网孔。系统布线如图 4-3-7所示。

2）系统布线环境要求：

a. 布线的地方要避免强光直射、雨雪直淋。

b. 布线要避免接近暖气片及易燃、传热、导电的物体。

c. 建筑物内线布线时要远离电力线、电话线等干扰源。

d. 不要在潮湿的环境中做接头。

e. 不要和其他信号回路穿入同一根保护管内。

3）系统布管要求：

a. 系统布管材质要求：建筑物之间的联网布管应采用钢管和槽架单独敷设，并注意防雷。

注意：建筑物内水平布管采用钢管敷设，如采用 PVC 管，必须注意环境要求。

b. 系统布管管径要求：管材的内径一般为工程用线外径的 1.8～2 倍，每根管材弯头不得超过两个。

4）系统布线技术要求：

a. 接头处理：电线接头的塑料外皮剥离长度应规范操作，既不可裸露铜线过短造成接触不良，也不可裸露铜线过长以免短路造成设备的毁坏，影响系统的正常工作。裸露部分一般应在 5mm 左右，并拧紧为一股，再插入接线端子内拧紧。塑料护套的剥离长度一般应在 100mm 左右。

注意：最好将线头上锡或用专用的接线片，屏蔽线的屏蔽层必须用护套套好不可外露，防止与外壳导体短路。

b. 接地处理：屏蔽层应全部相连，并单点接地。

注意：若无专用的接地回路，建议屏蔽层相连后浮空，两个屏蔽层之间应保持绝缘。

（2）系统布线步骤

1）布线前：确认布线方案是否符合要求，确认主要维修点，做好施工记录。

2）布线中：

a. 确定系统总线输入与输出的线色及极性一致。

b. 按照施工规定确定路由走向，按线路最短的原则布线。

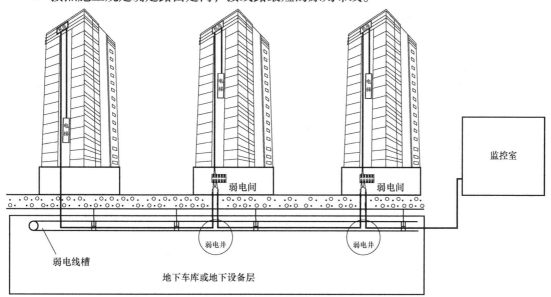

图 4-3-7　系统布线图

c. 井道通信电缆：将井道通信电缆垂于电梯井道中，释放旋转应力，垂挂时间不少于1h，并用万用表测量电缆线阻的绝缘状态，用实验电话和对讲机来检测电缆传输性能。

注意：如自行敷设井道通信电缆，施工前应悬垂电缆，释放旋转应力。施工时将井道通信电缆用尼龙扎带与电梯随行电缆捆扎在一起。捆扎时应保证井道通信电缆与电梯随行电缆纵向松紧程度相当。严格避免屏蔽网、地线端外接轿厢外壁或与其他金属连接，造成短路。

d. 总线电缆：按工程中的要求布线，注意线头的处理方式，一般采用焊接处理，特别注意的是将屏蔽层拧成绞合线，两端焊接。布缆方式请见工程中的施工案例，按系统确定的线色仔细连接。

e. 总线电源：按厂家提供的系统接线图安装总线电源，并在总线末端检验总线电压值。

3）布线后：进行现场复核，如有问题，及时进行整改。

8. 系统调试

接通电梯紧急报警与通话装置电源，监控室主机、控制柜分机、轿顶分机和轿底分机上的电源显示灯亮，表明系统进入工作状态。

当主机电话呼叫分机时，拿起主机通话手柄，按下需要呼叫分机的位置按钮，如呼叫电梯轿厢分机，按【轿厢】功能键，即可与电梯轿厢分机通话。通话完毕后，按【挂机】键，挂断主机电话手柄，系统进入待机状态。

当电梯控制柜分机呼叫主机电话时，拿起电梯控制柜分机手柄，按下【主机】键，主机电话手柄摘起，即可与之通话。通话完毕后，按【挂机】键，系统进入待机状态。电梯控制柜分机呼叫其他分机电话时，其操作同主机电话。

当电梯轿厢分机呼叫主机电话时，只需按下电梯轿厢操纵箱上的呼叫按钮，此时电话主机和电梯控制柜分机开始振铃，主机电话或电梯控制柜分机手柄摘起，即可通话。通话完毕后，挂断主机电话手柄，系统进入待机状态。当通话时间 >80s 仍需通话时，请再次按下【呼叫】键。当轿顶分机或轿底分机呼叫单局主机电话时，按下【主机】键，主机电话手柄摘起，即可与之通话。通话完毕后，按【挂机】键，系统进入待机状态。

当轿顶分机或轿底分机呼叫电梯轿厢分机时，按下【轿厢】键，即可与之通话。通话完毕后，按【挂机】键，即可结束通话，系统进入待机状态。

9. 故障排除

常见故障见表4-3-10。

表4-3-10　电梯紧急报警与通信系统常见故障

序号	常见问题	可能原因	处理办法
1	分机无法呼叫主机	分机【呼叫】按钮无法闭合	检测按钮,如果其闭合阻值≥2Ω,则应更换按钮
		主机振铃出现问题	若振铃损坏,则更换主机
		设备损坏	更换设备
2	主机无法呼叫分机	线路故障	修复线路
		设备损坏	更换设备
3	无受话	设备损坏	更换设备
4	无送话	设备损坏	更换设备

（续）

序号	常见问题	可能原因	处理办
5	无振铃，无通话声	无电压	线路正常情况下检查电源熔断器、电源输出及 AC 220V 输入，若均正常则更换电源
		通信线断路	修复线路
		设备损坏	用同一类话机在同一地点测试通话，如果通话正常则更换设备
6	受话器有严重啸叫声或通话频繁间断	送话器堵塞	调整设备位置，或在送话器位置加装海绵
		送话器与扬声器声音进水	
7	受话器有严重交流声	使用的备用电缆漏电或有强烈交变磁场干扰	用万用表 AC 2V 档测量线间感应电压，当大于 500mV 时更换通信线或另用专用缆
		专用通信缆屏蔽层接地不符合接地要求	按要求接地
8	受话器中有电台声	线路虚接	检查线路，重新处理接头
9	通话声音轻	音量电位器调节不当	适当调节音量电位器
		线路短路、旁路	修复线路
		安装不当	调整安装位置

（四）任务总结

1）通过安装电梯紧急报警与通话装置，熟悉其结构及工作原理。

2）通过安装电梯紧急报警与通话装置，掌握相关安装标准要求及施工工艺。

五、思考与练习

1）简述电梯紧急报警与通话装置的组成。

2）简述电梯紧急报警与通话装置的功能。

3）简述电梯紧急报警与通话装置的安装标准及安装位置。

任务四　轿厢环境电气设备的安装

一、教学目标

终极目标：独自安装轿厢照明、风扇和空调等。

促成目标：1）熟悉轿厢照明、风扇和空调的结构和原理。

2）掌握轿厢照明、风扇和空调的安装工艺及要求。

二、工作任务

1）按标准要求安装轿厢照明、风扇和空调。

2）接线调试。

三、相关知识

1. 轿厢照明

轿厢内需要安装照明设施，如图4-4-1所示。国家标准GB 7588—2003对轿厢照明的要求如下：

1）轿厢应设置永久性的电气照明装置，控制装置上的照度宜不小于50lx，轿厢地板上的照度宜不小于50lx。

2）如果照明采用白炽灯，至少要有两只并联的灯泡。

3）使用中的电梯，轿厢应有连续照明。对动力驱动的自动门，当轿厢停在层站上，门自动关闭时，则可关断照明。

4）应有自动再充电的紧急照明电源，在正常照明电源中断的情况下，它能至少供1W灯泡用电1h。在正常照明电源一旦发生故障的情况下，应自动接通紧急照明电源。

5）如果4）所述的电源同时也供给紧急报警装置，其电源应有相应的额定容量。

6）轿顶应设置一个或多个电源插座。

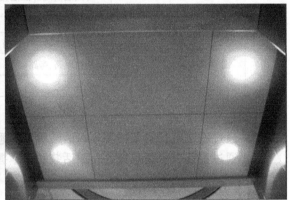

图4-4-1 轿厢照明

2. 轿顶风扇

为通风的需要，轿顶须安装风扇，如图4-4-2、图4-4-3所示。客梯轿厢风扇均采用贯流风扇，相关参数如下：

风扇

出风口

图4-4-2 轿顶风扇　　　　　　图4-4-3 轿顶出风口

1）性能参数。

转速：（1000±100）r/min。

风量：（3.5±0.5）m³/min。

噪声：≤47dB。

2）技术规格。

外形尺寸：420mm×170mm×188mm（最大）。

安装尺寸：380mm×90mm。

风口尺寸：273mm×42mm。

质量：3.3kg。

额定工作电压、频率：220×（1±10%）V、50Hz。

输入电流：100mA。

3. 轿厢空调

空调用来把轿厢内的热空气抽出来，经制冷后再送回轿厢内，周而复始，达到轿厢内降温的目的。或者直接从电梯井道里抽风，经制冷后再送入轿厢内。前面一种办法制冷迅速，同时节省能量消耗，是设计时考虑的首选方案。后一种办法在医用电梯上使用较多，主要是担心电梯的病员呼出的空气带有致病菌，经空调吸入后附着在滤尘网上，造成二次污染。轿顶空调和出风口如图4-4-4所示。

在电梯环境中使用空调，必须做到无水、低噪声。

（1）无水

1）通过制冷系统的独特设计，使出水量最少。

图4-4-4　轿顶空调和出风口

2）利用水蒸发系统对产生的冷凝水进行有效的汽化处理。

（2）低噪声

1）采用高品质的压缩机。

2）采用抗振性强的材料做填充和隔断，通过消音设计和处理，保证空调运行的低噪声。

3）采用柔性设计，适应电梯快速运行和急停的特点。

轿厢空调体积小、安装方便，直接摆放在轿顶，如图4-4-5所示，或者悬挂在横梁上，如图4-4-6所示。悬挂在横梁上的安装方式可以最低程度地占用电梯轿顶的空间，并将空调重量对电梯的影响降到最低。电梯安装时，使用了受力缓冲软垫，大大减少了电梯振动对空调的影响。空调具有定时运行及休眠的功能，减少无用能耗；维护轻松，配备遥控器，在轿厢内可控制空调的开/关、制冷温度以及空调的工作时间（设置空调每天的运行时段，运行时段外空调会自动关闭，起到节能的效果）；采用半封闭式风量循环，在入风口处增加新风口，保证吸入轿厢空气的清新，避免在困梯时出现轿厢缺氧的情况。

轿厢空调安装要求如下：

1）为保证电梯维保人员的活动空间，考虑在电梯轿厢顶左右侧安装电梯空调。

2）为不破坏轿厢装饰板装潢风格，考虑利用风机口出风。

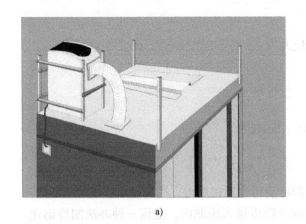
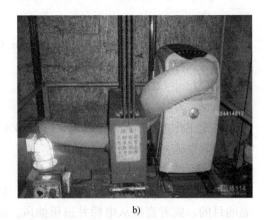

a)　　　　　　　　　　　　　b)

图 4-4-5　空调摆放于轿顶上

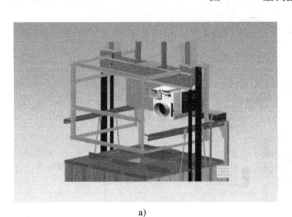
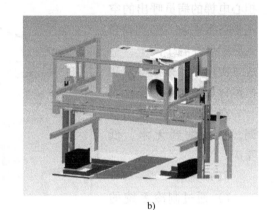

a)　　　　　　　　　　　　　b)

图 4-4-6　空调悬挂在横梁上

3）为保证空调制冷效果，应加回风。

4）空调的冷凝器与电梯平层感应相隔 30cm 以内时，应在感应器固定支架上贴保温棉。

5）空调的回风口尺寸为 φ150mm，要求该孔的位置与空调的进风口的距离最短。轿顶还有角铁支架，所以在轿顶铁板上开口对轿厢强度没有太大影响。

6）轿顶预留出风口尺寸与电梯整机厂的风机预留孔匹配，一个风机出风口为 360mm × 60mm。对于风机开孔的选择，建议冷风能直接吹向人的头部，而不要沿着轿壁下来。

7）主电源应在机房回装 220V 的独立电源，再用电缆引到轿顶给空调供电。

可能影响轿厢空调制冷（制热）效果的几个因素：

① 轿顶装饰板与轿壁的间隙太小，导致空调出风口风量减少。要求出风口截面积在 250cm^2 以上。

② 回风管长度过长，导致吸风量减少。要求回风管尽可能短。

③ 出风管长度过长，导致出风量下降。要求出风管尽可能短。

④ 轿厢内回风口面积应在 150cm^2 以上，面积过小会导致制冷量下降。

⑤ 确定轿厢内回风口的位置时，应尽量避免风直接从轿壁下来，因为空调出风口温度较低，若直接吹在轿壁上，轿壁的温度会很低，轿壁上所具有的冷量很快会被轿壁外的井道热空气中和掉，同时也容易在轿壁外侧凝结出冷凝水。

⑥ 空调器冷凝器侧进风口或出风口有阻碍物，导致冷凝器散热效果下降。

⑦ 井道温度过高，使冷凝器散热效果下降。要求井道与外界空气连通。井道内温度不超过43℃。

⑧ 避免空调吹出来的冷风，在轿顶装饰板夹层内小循环后，马上又被抽入空调器内。

四、任务实施

（一）任务提出
拆卸并安装轿顶。

（二）任务目标
1）熟悉轿厢照明、风扇的结构和原理。

2）掌握轿厢照明、风扇的安装工艺及要求。

（三）实施步骤
由于进入电梯轿顶上存在较大危险性，本次任务采用拆卸模拟电梯的形式进行。实训设备结构如图4-4-7所示。

1）实训之前，戴好安全帽、穿好安全鞋等，做好安全保护措施。

2）将门锁回路封闭。

3）关掉门机电源。

4）拆轿内照明及风扇，之后拆下轿顶矫正器件。注意保证部件的完整性。

5）如果轿顶是一个整体而且轿内有装饰顶，就要先拆下装饰顶，再在大梁上绑上绳索将轿顶的四个角都绑牢固。

6）拆螺钉，拆完后拉动绳索将轿顶拉起脱离轿厢四壁，系牢固。注意：在拉动轿顶之前要十分留心轿顶的布线，尽量是使其脱离轿顶。

图4-4-7 电梯轿厢实训设备

7）如果轿顶是一块块拼合在一起的话，轿内装饰顶就不再需要拆除，无须增加绳索。

8）可以增加课时，将拆卸后的部件按照相反的步骤重新组装。

（四）任务总结
1）通过拆卸轿顶设备，熟悉照明、风扇的结构及工作原理。

2）通过拆卸轿顶设备，掌握照明、风扇安装标准要求及施工工艺。

五、思考与练习

1）简述电梯环境电气设备的组成。

2）简述电梯环境电气设备的功能。

3）简述电梯环境电气设备的安装标准及安装位置。

项目五　线槽、线管的敷设

电梯供电和控制线路是通过线管、线槽及软管等（如图 5-0-1 所示）把电能和控制信号输送到控制柜、曳引机、井道和轿厢的。电梯井道内严禁使用可燃性材料制成的线管或线槽。

电梯机房和井道内的线管、线槽、接线盒与可移动的轿厢、对重、钢丝绳、软电缆等的距离，在机房内不应小于50mm，井道内不应小于100mm。

线管设有暗管和明管两种。暗管排后用混凝土埋没，排列可不考虑整齐，但不要重叠。当90°弯头超过三只时应设接线盒，以便于穿电线。对于明管，排列应整齐美观，要求横平竖直，同时应设固定支架，水平管支撑点间距为1.5m，竖直管支撑点间距为2m。在敷设线管前应检查线管外表，要求无破裂、凹瘪和锈蚀，内部应畅通，不符合要求的一律不准使用。

安装线槽前应仔细检查，要求平整、无扭曲，内外均无锈蚀和飞边。安装中要横平竖直，其水平和垂直偏差均不大于2/1000，全长最大偏差应不大于20mm。在线槽距机房地面1000~1500mm处，先设置吊线栓，进行吊线，保证线槽垂直度，当井道总高超过30m时，每隔30m增加一个吊线栓。线槽与线槽的接口应平直，槽盖盖好后应平整无翘角。数槽并列安装时，槽盖应便于开启。

软管用来连接有一定移动量的活络接线，目前使用的有金属软管和塑料软管两种。安装的软管应无机械损伤和松散现象。安装时应尽量平直，弯曲半径应大于管子外径的4倍。固定点应均匀，间距不大于1000mm。其自由端头长度不大于100mm。在与箱、盒、设备连接处宜采用专用接头。安装在轿厢上的软管应防止振动。

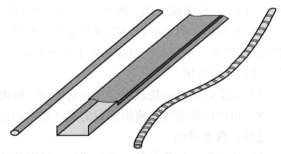

图 5-0-1　敷设所用线管、线槽、软管

任务一　机房线槽、线管的敷设

一、教学目标

终极目标：独自安装机房线槽。

促成目标：1）熟悉线槽（线管、软管）的分类和用途。

2）掌握线槽（线管、软管）的安装工艺及要求。

二、工作任务

按标准要求安装机房线槽（线管、软管）。

三、相关知识

1. 机房线槽布置

在机房内，电缆采用穿线槽敷设，线槽排放要求横平竖直，整根线槽可靠接地。机房线槽在布置过程中，若太长被切断，切口要打磨平整，无锋利飞边，以免割破电缆。根据控制柜安装方式不同，机房线槽布置也分为两种方式：

1）控制柜放置于机房地面上时，用榔头敲掉底座侧面出线孔金属片，与机房线槽对接，井道电缆及随行电缆通过机房线槽后从洞2或洞3穿过机房楼板进入井道，机房线槽布置如图5-1-1所示。

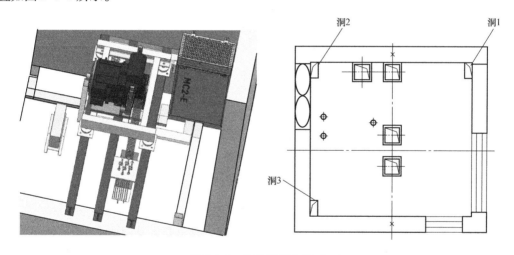

图5-1-1　机房线槽布置（一）

2）控制屏固定于机房墙壁上时，用榔头敲掉底座下面出线孔金属片，与机房线槽对接。井道电缆及随行电缆通过机房线槽后从洞1穿过机房楼板进入井道，机房线槽布置如图5-1-2所示。

机房布置施工图样如图5-1-3所示。

2. 线管、线槽敷设原则

1）机房线管除图样规定沿墙敷设明管外，均要敷设暗管，梯井允许敷设明管。线管的规格要根据敷设导线的数量决定。线管内敷设导线总面积（包括绝缘层）不应超过管内净面积的40%。

2）$\phi20mm$ 以下的线管采用丝扣管箍连接。$\phi25mm$ 以上的线管可采用焊接连接。线管连接口、出线口要用钢锉锉

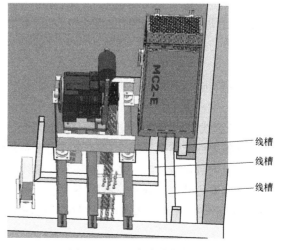

图5-1-2　机房线槽布置（二）

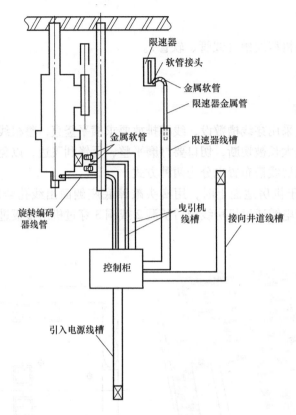

图 5-1-3　机房布置施工图样

光,以免划伤导线。线管焊接接口要齐,不能有缝隙或错口。

3) 进入落地式配电箱(柜)的线管,应排列整齐,管口高于基础面不小于 50mm。

4) 明管以下各处需设支架:直管每隔 2~2.5m,横管每隔不大于 1.5m,金属软管每隔不大于 1m,距拐弯处及出入箱盒两端 150mm 处。每根线管应设不少于两个支架,支架可直埋墙内或用膨胀螺栓固定。

5) 钢管进入接线盒及配电箱时,暗管可用焊接固定,管口露出盒(箱)小于 5mm,明管应用锁紧螺母固定,露出锁母的丝扣为 2~4 扣。

6) 钢管与设备连接时,要把钢管敷设到设备外壳的进线口内,如有困难,可采用下述两种方法:

a. 在钢管出线口处加软塑料管引入设备,但钢管出线口与设备进线口距离应在 200mm 以内。

b. 设备进线口和线管出线口用配套的金属软管和软管接头连接,软管应用管卡固定。

7) 设备表面上的明管或金属软管应随设备外形敷设,以求美观,如抱闸配管。

8) 井道内敷设线管时,各层应装分支接线盒(箱),并根据需要加端子板。

9) 管盒要用开孔器开孔,孔径不大于管外径 1mm。

10) 机房线槽除设计选定的厚线槽,均应沿墙、梁或梯板下面敷设,线槽敷设应横平竖直。

11) 梯井线槽到每层的分支导线较多时,应设分线盒并考虑加端子板。

12）由线槽引出分支线，如果距指示灯、分线盒较近，可用金属软管敷设；若距离超过2m，则应用钢管敷设。

13）线槽应有良好的接地保护，线槽接头应严密，并且线槽接头间应跨接地线。

14）切断线槽需用手锯操作（不能用气焊），拐弯处不允许锯直口，应沿穿线方向弯成90°保护口，以防伤线。

15）线槽采用射钉或膨胀螺栓固定。

16）线槽安装完后补刷沥青漆一道，以防锈蚀。

3. 线槽规格长度计算

（1）线槽的发货量　线槽由制造厂提供，其数量要求见表5-1-1。

表5-1-1　线槽数量

机房（板厚1.5mm）		井道（板厚0.8mm）	
宽度	长度	宽度	长度
75mm	10m	75mm	井道总高/2
100mm	6m	100mm	井道总高

注：a. 上表为单台电梯的线槽配给量，多台电梯线槽量为：单台用量×台数。
　　b. 单条线槽标准长度为2m，线槽配给量为2m的倍数。

（2）确定所用线槽规格　由于线槽内导线总面积不能大于线槽净走线面积的60%，因此可按下列方法计算出所选用线槽的规格：

因为 $\dfrac{导线条数 \times 导线截面积(包括绝缘层截面积)}{线槽净面积} \leqslant 60\%$

所以线槽最小宽度 $= \dfrac{导线条数 \times 导线截面积}{60\% \times 线槽高度}$

所选用线槽的规格应满足：所选用线槽宽度≥线槽最小宽度。

4. 金属线管规格长度计算

金属线管可分为金属管（如镀锌水管）和金属软管两类。

由于金属管、金属软管内导线的总面积不能大于管内净面积的40%，因此可按以下方法计算出所选用的金属管或金属软管的规格（内径D）：

因为 $\dfrac{导线条数 \times 导线截面积(包括绝缘皮截面积)}{管内净面积} \leqslant 40\%$

且管内净面积 $= \pi \left(\dfrac{D}{2}\right)^2$

所以 $D_{最小值} = \sqrt{\dfrac{导线条数 \times 导线截面积}{40\% \times \dfrac{\pi}{4}}}$

$= 1.78 \sqrt{导线条数 \times 导线截面积}$

所用的金属线管规格应满足：内径$D \geqslant D_{最小值}$。

四、任务实施

（一）任务提出

布置机房线槽、线管。

（二）任务目标

1）熟悉线槽（线管、软管）的分类和用途。

2）掌握线槽（线管、软管）的安装工艺及要求。

（三）实施步骤

1．机房线槽作业

1）机房线槽包括：控制柜到电源配电箱（包括低压供电箱）；控制柜到井道；控制柜到限速器；控制柜到曳引机。

2）机房敷线应使用板厚1.5mm的线槽。

3）电梯动力线和控制线必须分隔敷设。

注意：限速器的引线可用其他线槽进行敷设，若与动力线槽共用时，线槽内应套金属软管。

4）线槽连接螺栓应由线槽内往外穿，后用螺母紧固，如图5-1-4所示。

5）机房线槽应平整，线槽接头处台阶小于0.5mm，接头处缝隙小于1.0mm。

6）线槽盖板应干净整洁，安装结束时应清理线槽内垃圾后再盖线槽盖板。

7）安装盖板的同时应对线槽进出口及转角处进行适当防护。避免电缆线外层破损（或防鼠进入咬破电缆）。

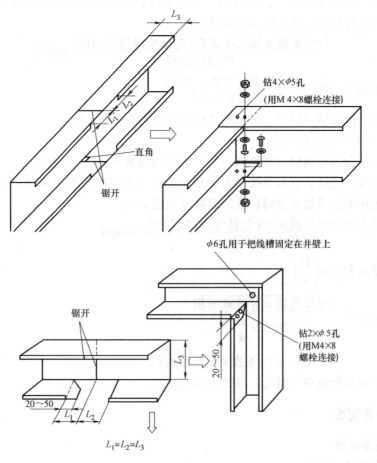

图 5-1-4　线槽弯曲连接工艺

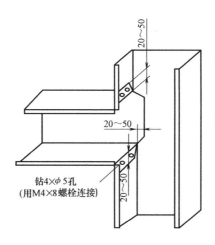

图 5-1-4 线槽弯曲连接工艺（续）

8）线槽与线槽连接处用黄绿双色线进行跨接且接地线长应不小于 50mm，固定应可靠。

9）线槽与线槽跨接地线孔需在安装现场配孔。

10）电源盒与线槽中间空隙应小于 150mm 但不能小于 50mm，且线槽进出口及转角处应做好防护。

图 5-1-5 所示是某机房的线槽的敷设情况。

2. 机房金属线管作业

机房金属线管包括：控制柜线槽到电动机接线盒；控制柜到旋转编码器；控制柜线槽到限速器。

（1）主机金属线管的敷线工艺 如图 5-1-6 所示。

1）控制线和动力线在同一线槽时的敷设。

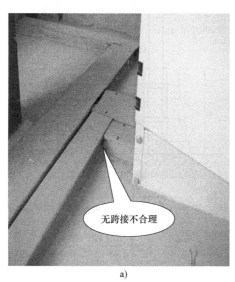

a)

b)

图 5-1-5 线槽敷设

c)

d)

图 5-1-5　线槽敷设（续）

① 控制线在线槽内、外都应穿 $\phi20mm$ 镀锌软管，线槽至主机接线盒镀锌软管的两端用软管接头固定。当控制线和动力线分开线槽敷设时，控制线在线槽内不用穿镀锌软管。

② 动力线在线槽至主机接线盒的部分用 $\phi32mm$ 镀锌软管敷设，软管两端用软管接头固定。

2）旋转编码器屏蔽线的敷设。屏蔽线应用金属管敷设，在金属出线口的屏蔽线，先裹一层橡胶皮再用胶布包扎，屏蔽线在金属管至旋转编码器的裸露部分应有弧度，且不能超出图 5-1-6 所示的 $B—B$ 平面，当金属管不够长时，不够长的部分用线槽敷设。当线槽内有其他线路时，线槽内的屏蔽线应穿镀锌软管。

3）镀锌软管和金属管的固定如图 5-1-6 所示，金属管沿地面敷设部分用 Ω 形管夹固定。

（2）控制柜到限速器的金属线管固定如图 5-1-7 所示。

（3）线管作业注意事项　金属软管套住金属管，外部用胶带（三层以上）和胶布包扎。

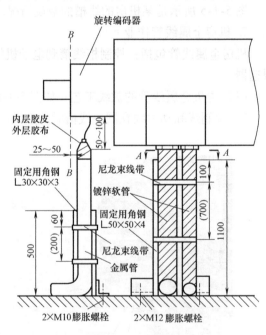

图 5-1-6　镀锌软管和金属管的固定

（四）任务总结

1）通过敷设机房线槽、线管，熟悉线槽、线管的结构及工作原理。

2）通过敷设机房线槽、线管，掌握线槽、线管的安装标准要求及施工工艺。

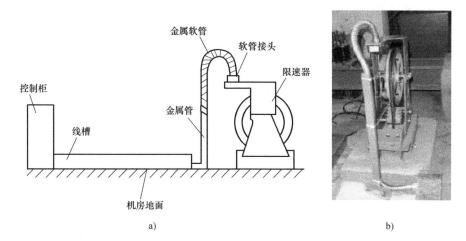

图 5-1-7 控制柜到限速器的金属线管固定

五、思考与练习

1) 简述机房线槽、线管敷设的标准要求。

2) 检查学校电梯机房的线槽敷设是否符合标准。

3) 简述机房线槽敷设的注意事项。

任务二 井道线槽的敷设

一、教学目标

终极目标：独自安装井道线槽。

促成目标：1) 熟悉线槽（线管、软管）的分类和用途。

2) 掌握线槽（线管、软管）的安装工艺及要求。

二、工作任务

按标准要求安装井道线槽（线管、软管）。

三、相关知识

1. 井道线槽敷设要求

1) 线槽应敷设于主轨与层门之间靠近外召唤箱的井道壁上。在顶层楼板下紧贴墙边处放一条铅垂线，作为安装线槽的垂直定位依据，并按井道土建图（制造厂提供）所示尺寸进行定位安装，如图 5-2-1 所示。

2) 最底下一条线槽与底坑地面净距 400 ~ 500mm，线槽的底端应用底坑检修箱封闭。

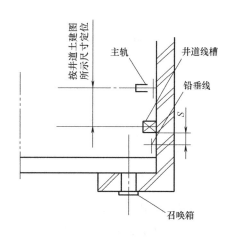

图 5-2-1 线槽定位

3）在固定井道线槽前，应注意在各层召唤箱、层门联锁，底坑检修箱，涨紧轮断绳开关，缓冲器电气开关，上、下极限开关等井道电气设施引线对应于线槽的位置上，使用合适的开孔器（令梳）开孔。并且在开孔后，须装上橡胶衬套（黑色的橡胶圈）以保护引线。

4）在中线箱对应的位置，中线箱引线的线槽以"T"字形敷设。

5）最顶端一条线槽应与机房线槽连接，如图 5-2-2、图 5-2-3 和图 5-2-4 所示。同时，要开吊线闩安装孔，其位置为距机房地面 1000～1500mm 处，如图 5-2-5 所示。当井道总高度超过 30m 时，每 30m 增设一个吊线闩，即 60m 以内为两个、90m 以内为 3 个，且距离应平均一致。

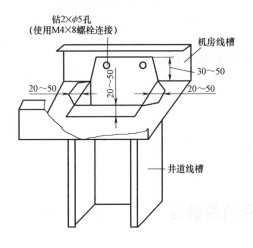

图 5-2-2　机房线槽与井道线槽 T 形连接

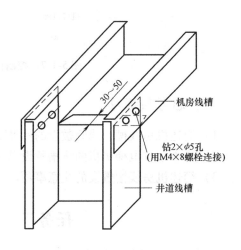

图 5-2-3　机房线槽与井道线槽 L 形连接（一）

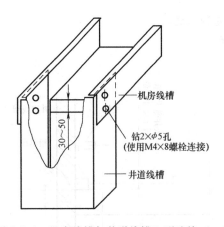

图 5-2-4　机房线槽与井道线槽 L 形连接（二）

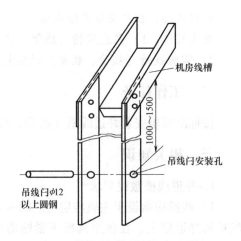

图 5-2-5　机房线槽与井道线槽 L 形连接（三）

2. 金属线管敷设要求

金属线管敷设要求见表 5-2-1；金属软管及电缆的固定如图 5-2-6 所示。

1）线管内敷设导线总截面积（包括绝缘层）不应超过管内净截面积的 40%。

表 5-2-1 金属线管敷设要求

架设方法	最大固定间隔/m	
	电缆	金属软管
垂直方向	0.6	0.6
水平方向	1.0	1.0
箱体出口处的固定	0.3	0.3
转弯处	0.3	0.3

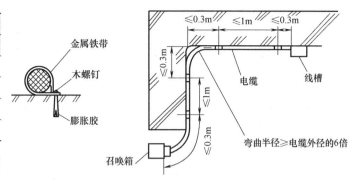

图 5-2-6 金属软管及电缆的固定

2）线管敷设前应符合下列要求：

a. 线管的弯曲处，不应有折皱、凹陷和裂纹等。弯扁程度不大于管外径的 10%，管内无铁屑及飞边，线管不允许用电气焊切割，切断口应锉平，管口倒角应光滑。

b. 管端套丝长度不应小于管箍长度的 1/2，线管连接后在管箍两端应用圆钢焊跨接地线，其中 $\phi15 \sim 20mm$ 管用 $\phi5mm$ 圆钢，$\phi32 \sim 38mm$ 管用 $\phi6mm$ 圆钢，$\phi50 \sim 63mm$ 管用 $25mm \times 3mm$ 扁钢。跨接地线两端焊接面积不得小于该跨接线截面积的 6 倍。焊缝均匀牢固，焊接处要清除药皮，刷防腐漆。对于套管连接，套管长度为连接管外径的 $2.5 \sim 3$ 倍，连接管对口处应在套管的中心，焊口应焊接牢固、严密。

c. 线管拐弯要用弯管器，弯曲半径应符合：明配时，一般不小于管外径的 4 倍；暗配时，不应小于管外径的 6 倍；埋设于地下或混凝土楼板下时，不应小于管外径的 10 倍。一般管外径为 25mm 及以下时，用手扳弯管器；管外径为 25mm 及以上时，使用液压弯管器和加热方法。当管路超过 3 个 90°弯时，应加装接线盒箱。

d. 薄壁铜管（镀锌管）的连接必须用丝扣。

3）进入落地配电箱（柜）的线管应排列整齐，管口高于基础面不小于 50mm。

4）明管需设支架或用管卡子固定：竖管每隔 $1.5 \sim 2m$，横管每隔 $1 \sim 1.5m$，拐弯处及出入箱盒两端 $150 \sim 300mm$ 处，每根线管设不少于两个支架或管卡子，不能直接焊在支架或设备上。

5）线管进入接线盒及配电箱，暗管可用焊接固定，管口露出盒（箱）小于 5mm，明管用锁紧螺母固定，露出锁母的丝扣为 $2 \sim 4$ 扣。管口应光滑，并应装设护口。

6）钢管与设备连接时，要把钢管敷设到设备外壳的进线口内。也可采用以下两种方法：

a. 在钢管出线口处加软塑料管引入设备，钢管出线口与设备进线口距离应在 200mm 以内。

b. 设备进线口和管子出线口用配套的金属软管和软管接头连接，软管应在距离进出口 100mm 以内用管卡固定。

7）设备表面上的明管或金属软管应随设备外形敷设，保证美观。

8）井道内敷设线管时，各层应装分支接线盒（箱），并根据需要加装接线端子板。底坑线管的固定如图 5-2-7 所示。

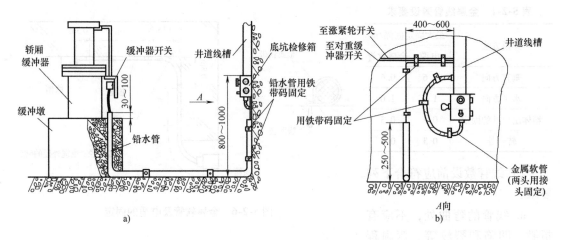

图 5-2-7　底坑线管的固定

四、任务实施

（一）任务提出

固定井道线槽。

（二）任务目标

1）熟悉线槽的分类和用途。

2）掌握线槽的安装工艺及要求。

（三）实施步骤

1）在井道上用 φ6mm 钻头打孔，用膨胀胶和木螺钉将线槽固定在墙壁上，如图5-2-8和图 5-2-9 所示。

2）可利用井道金属构件，并用螺栓固定，但严禁将线槽焊接在井道构件上，如图 5-2-10和图 5-2-11 所示。

3）每根线槽与井壁的固定点必须有两个以上。在安装吊线闩的线槽上，必须适当地把线槽的固定点增至 4 个。

4）机房线槽每段至少和机房楼面有两个固定点，固定方法如图5-2-8所示。

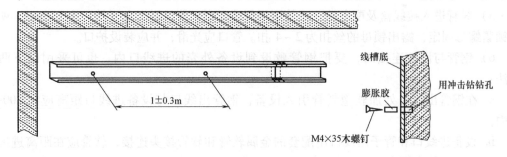

图 5-2-8　膨胀胶和木螺钉将线槽固定在墙上

除了上述各项之外，线槽作业还应符合下列要求：

1）线槽应平整，无扭曲变形。内壁无飞边。

2）安装后应横平竖直，其水平度及垂直度误差均应在 4/1000 以内，且全长偏差在

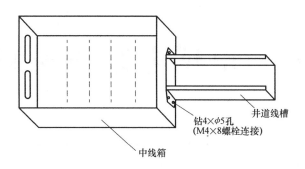

图 5-2-9 线槽与中线箱连接

20mm 以内。

3）接口应封闭，转角应圆滑。固定应牢靠。槽内无积水、污垢。

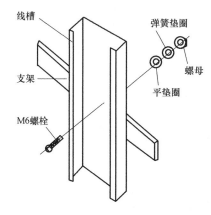

图 5-2-10 用螺栓将线槽
固定在井道上（方式一）

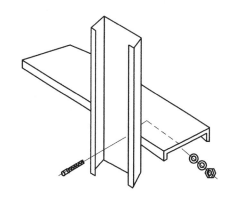

图 5-2-11 用螺栓将线槽
固定在井道上（方式二）

4）槽盖应齐全，盖好后应平整、无翘角，每条线槽盖至少应有 6 枚自攻螺钉把槽盖紧固在线槽上。

5）线槽弯角应设置橡胶板。

6）出线口应无飞边，位置准确，并应有保护引出线的防护物，如橡胶衬套、软管接头等。

（四）任务总结

1）通过安装井道线槽，熟悉线槽的结构。

2）通过安装井道线槽，掌握井道线槽安装标准要求及施工工艺。

五、思考与练习

1）简述井道线槽、线管敷设的标准要求。

2）按标准敷设模拟敷设线槽。

3）简述井道线槽敷设的注意事项。

项目六 电梯电缆的安装挂设

某型号电梯电缆连接示意图如图6-0-1所示，图中所有电缆上均标有电缆代号，所有插件上均标有插件代号，所有独立端头上均套有号码管。

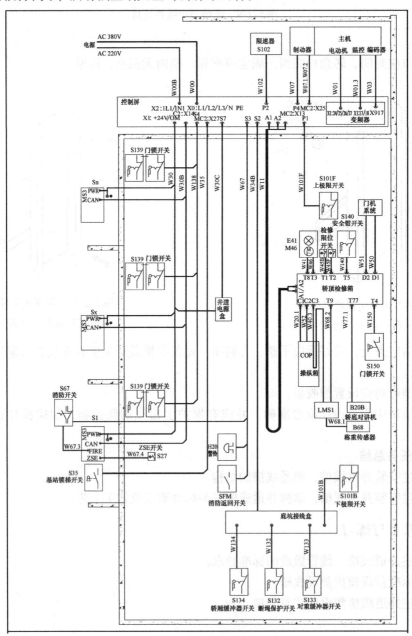

图6-0-1 电梯电缆连接示意图

电梯电气装置中的配线应使用承载额定电压不低于 500 V 的铜芯导线。导线不得直接敷设在建筑物和轿厢上，除电缆外，也可使用线管和线槽保护。

电梯的动力和控制线宜分别敷设，用于控制的线路应按产品要求单独敷设，注意采用抗干扰措施。各种不同用途的线路尽量采用不同颜色的导线。导线出入线管或线槽时，应使用专用护口，如无专用护口时，应加有保护措施。导线的两端应有明确的接线编号或标记。安装人员应将此编号或标记记录在册，以备查用，如图 6-0-2 所示。

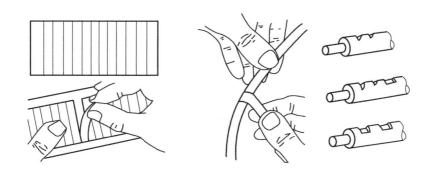

图 6-0-2　导线上的标记

为避免导线扭曲，放线时应使用放线架，如图 6-0-3 所示。导线在截取长度时应留有适当裕量。穿线时应用铁丝或细钢丝做导引，边送边接，以送为主，如图 6-0-4 所示。线管和线槽内应留有足够的备用线。

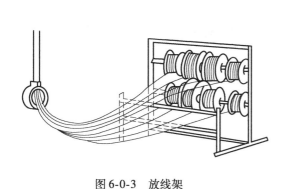

图 6-0-3　放线架

图 6-0-4　穿线

任务一　机房电缆的安装连接

一、教学目标

终极目标：独自安装连接电梯机房电缆。

促成目标：1) 熟悉电梯机房电缆的连接原理。

2) 掌握电梯机房电缆的安装连接工艺及要求。

二、工作任务

1）按标准要求安装连接电梯机房电缆。

2）接线调试。

三、相关知识

在机房内，电缆采用线槽敷设如图6-1-1所示，线槽排放要求横平竖直，整根线槽可靠接地，见项目五所述。

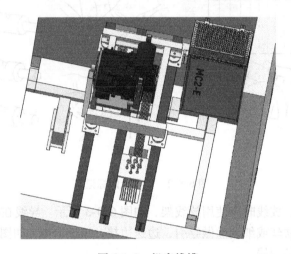

图 6-1-1　机房线槽

机房电缆布置分配见表6-1-1。

表 6-1-1　机房电缆布置分配

线槽编号	机房电缆		备注
	名称	规格	
1	主电源电缆	BVR-6	黄、绿、红、浅蓝、黄绿各一根
	照明电源电缆	RVV-2×2.0+1×2.0	带接地线
2	动力电缆	KVVP-4×6	带接地线
	限速器开关电缆	RVV-2×0.75+1×2.0	带接地线
	制动器线圈电缆	RVV-2×0.75	
	抱闸检测开关电缆	RVV-2×0.75	
	热敏电阻电缆	RVVP-(1×2)P×0.75	
3	井道电源电缆	RVV-2×1.5+1×2.0	带接地线
	井道通信电缆	RVVP-(1×3P)×0.3	
	井道电源电缆	RVV-2×0.75+1×2.0	电梯停靠层站 $N>20$ 站带接地线
	锁梯开关电缆	RVV-2×0.75	
	消防、警铃电缆	RVV-6×0.75+1×2.0	带接地线
	层门锁电缆	RVV-2×0.75+1×2.0	带接地线

（续）

线槽编号	机房电缆		备注
	名称	规格	
3	底坑电缆	RVV-6×0.75+1×2.0	带接地线
	上极限开关电缆	RVV-2×0.75+1×2.0	带接地线
	随行电缆	TVVBP-36〔（29×0.75）+（3×2）P×0.75+1×2.0〕	带接地线
		TVVBPG-36〔（29×0.75）+（3×2）P×0.75+1×2.0〕	井道高度>70m；带接地线

四、任务实施

（一）任务提出

安装、连接机房电缆。

（二）任务目标

1）熟悉电梯机房电缆的连接原理。

2）掌握电梯机房电缆的安装连接工艺及要求。

（三）实施步骤

1. 注意事项

注意事项有当心触电、必须戴防护手套、必须穿防护鞋、必须戴安全帽、当心高空坠落及当心高空坠物等，见表6-1-2。

表6-1-2　安装注意事项

标志						
含义	当心触电	必须戴防护手套	必须穿防护鞋	必须戴安全帽	当心高空坠落	当心高空坠物

2. 工具准备

常用工具有钢直尺、钢卷尺、螺钉旋具、斜口钳、万用表和锤子等，见表6-1-3。

表6-1-3　常用工具

实物图			
名称	钢直尺	钢卷尺	螺钉旋具

（续）

实物图	![斜口钳]	![万用表]	![锤子]
名称	斜口钳	万用表	锤子

3. 安装控制柜端电缆

电缆在控制柜内以四种方式连接：

1）电缆直接与端子排连接。动力电缆直接连接于变频器端子上，然后沿控制柜底左侧边布线，并用线夹固定，如图6-1-2所示。

2）电缆用菲尼克斯插件形式与控制柜主板相连，然后敷设于控制屏右侧线槽内。主板插件代号与电缆名称见表6-1-4，AMP（安普品牌，下同）插件代号及电缆名称见表6-1-5。

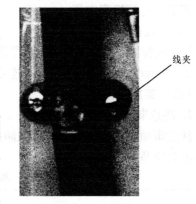

线夹

图6-1-2 动力电缆用线夹固定

表6-1-4 主板插件代号与电缆名称

位置	插件代号	电缆名称
主板	X27	锁梯开关电缆
	X14	井道通信电缆
	X13	随行电缆
	X25	抱闸检测开关电缆

表6-1-5 AMP插件代号及电缆名称

AMP插件代号	电缆名称	备注
A1、A2	随行电缆	
P1	上极限开关电缆	
P2	限速器极限开关电缆	
P4	制动器线圈电缆	
S2	底坑电缆	
S3	消防、警铃电缆	
S7	井道电源电缆	$N > 20$
B1	控制电缆	
B2	控制电缆	*断电平层装置用
B3	控制电缆	

3）电缆用AMP插件与控制屏内接线连接，然后将连接插件放置于控制屏底座内，盖上底座盖板。AMP插件连接如图6-1-3所示。

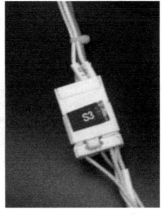

图 6-1-3　AMP 插件连接

另外，所有带接地线及屏蔽层的电缆，接地线及屏蔽层必须可靠接地，如图 6-1-4 所示。

接地铜排

图 6-1-4　电缆接地连接

4）电缆用 15 芯 D 型插件与变频器直接连接，如图 6-1-5 所示，并且锁紧插件。

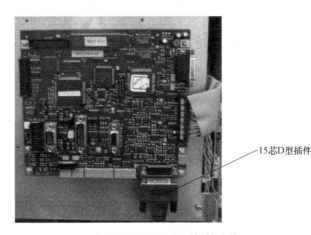

15芯D型插件

图 6-1-5　15 芯 D 型插件连接

4. 安装曳引机端电缆

抱闸检测开关接线时，首先需要拧开开关固定螺钉，打开盖子，将电缆连接于开关常开触点，盖上盖子，锁紧电缆，再固定开关，如图 6-1-6a、b 所示。

电动机动力电缆、制动器线圈电缆和热敏电阻电缆分别连接于电动机接线盒内接线端子上，电动机动力电缆黄绿接地线必须与接地螺钉可靠连接。电动机动力电缆在进入电动机接线盒时，屏蔽层必须用直通管接头卡在电动机接线盒壁上，并保持良好接地，如图 6-1-6c、d 所示。

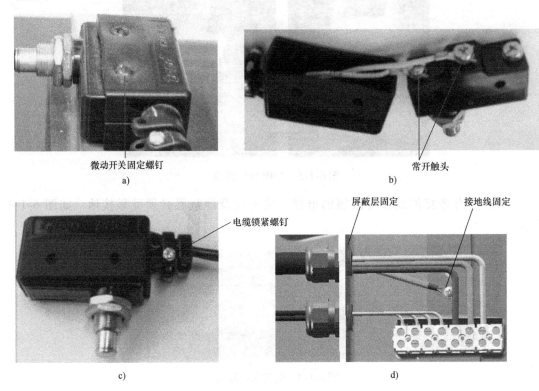

图 6-1-6　电动机接线盒内电缆连接

5. 安装限速器开关电缆

限速器开关电缆直接接于限速器开关常闭触头上，接地线连接于接地螺钉上。

6. 编码器电缆布置

编码器电缆布置时不经过机房线槽而直接进入控制屏，与变频器用 15 芯 D 型插件连接。

7. 敷线方法及要求

电动机接线盒端子与连接电缆对应表见表 6-1-6，敷线要求见表 6-1-7。

表 6-1-6　电动机接线盒端子与连接电缆对应表

电动机接线盒端子号	电缆名称	备注
U、V、W、PE	动力电缆	带接地线
P1、P2	热敏电阻电缆	
CL1、CL2	制动器线圈电缆	

（四）任务总结

1）通过安装、连接机房电缆，熟悉机房电缆型号。

2）通过安装、连接机房电缆，掌握机房电缆安装连接标准要求及施工工艺。

表 6-1-7　敷线要求

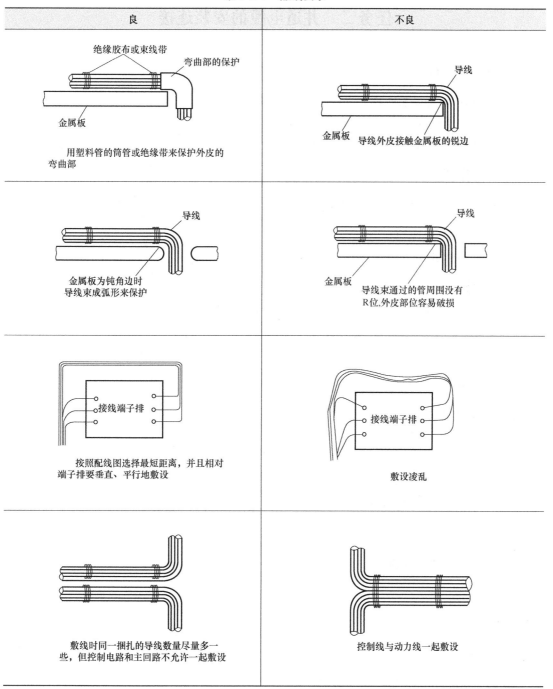

良	不良
用塑料管的筒管或绝缘带来保护外皮的弯曲部	导线外皮接触金属板的锐边
金属板为钝角边时导线束成弧形来保护	导线束通过的管周围没有R位,外皮部位容易破损
按照配线图选择最短距离,并且相对端子排要垂直、平行地敷设	敷设凌乱
敷线时同一捆扎的导线数量尽量多一些,但控制电路和主回路不允许一起敷设	控制线与动力线一起敷设

五、思考与练习

1）简述机房电缆的敷设要求。

2）简述电缆连接的正确操作。

3）简述机房电缆的种类。

任务二　井道电缆的安装连接

一、教学目标

终极目标：独自安装连接井道电缆。

促成目标：1）熟悉井道电缆的连接原理。

2）掌握井道电缆的安装连接工艺及要求。

二、工作任务

1）按标准要求安装连接井道电缆。

2）接线调试。

三、相关知识

井道电缆采用电缆明敷，用电缆束线座紧贴井道壁固定，每层有一个井道接线盒将层站分支电缆与井道主电缆分开，层站分支电缆亦必须用电缆束线座固定。井道电缆如图6-2-1所示。

四、任务实施

（一）任务提出

安装连接井道电缆。

（二）任务目标

1）熟悉井道电缆的连接原理。

2）掌握井道电缆的安装连接工艺及要求。

（三）实施步骤

固定时，先用电钻在适当位置钻孔，钻孔深度不得小于40mm，然后用气筒将孔内灰尘吹干净，如图6-2-2所示。

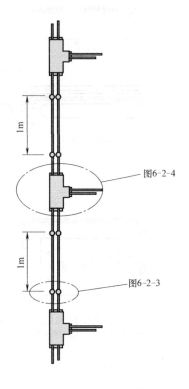

图6-2-1　井道电缆

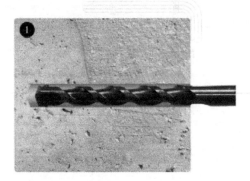
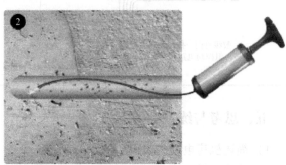

图6-2-2　钻孔方法

井道电缆用电缆束线座固定，如图6-2-3所示。

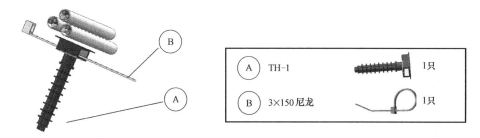

图6-2-3　井道电缆固定

井道接线盒用两个十字槽盘头自攻螺钉、塑料胀管固定在井道壁上，出线端2朝向层门且与水平面平行，当井道电缆穿过井道接线盒时，主电缆从出线端1出线，分支电缆从出线端2出线，并用3×150mm尼龙扎带与井道接线盒固定。安装步骤如图6-2-4所示。

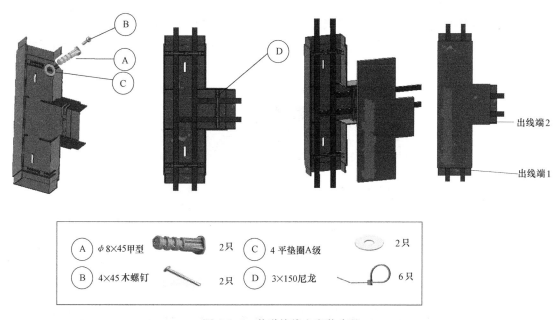

图6-2-4　井道接线盒安装步骤

1. 安装召唤盒端电缆

召唤盒端电缆安装时，盒体材质若为金属，则电缆黄绿线芯必须与接地螺钉可靠连接；盒体若为图6-2-5所示塑料壳体，则电缆黄绿线芯无须接地，但电缆接地端头必须用绝缘胶带做绝缘处理。

2. 安装层门锁分支电缆

层门锁分为主、副两个门锁，出厂前两锁之间已经串联，故层门锁分支电缆线芯分别连接至主、副门锁的另外两个触点，黄绿线芯连接于附近接地螺钉上，可靠接地，如图6-2-6所示。

注意： 要求所有分支连接部分完全置于井道接线盒内，无塑料纸外露。

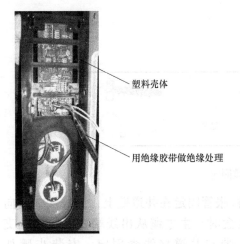

塑料壳体

用绝缘胶带做绝缘处理

接地　厅门锁分支电缆　主、副门锁间接线

图 6-2-5　召唤盒端电缆安装 　　　　　图 6-2-6　层门锁分支电缆安装

3. 安装井道安全开关端电缆

井道安全开关端电缆可靠连接极限开关、断绳保护开关和缓冲器开关常闭触点，且电缆黄绿线芯必须与开关金属支架上螺钉可靠连接，作为保护接地。井道安全开关端电缆安装如图 6-2-7 所示。

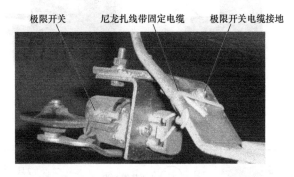

极限开关　尼龙扎线带固定电缆　极限开关电缆接地

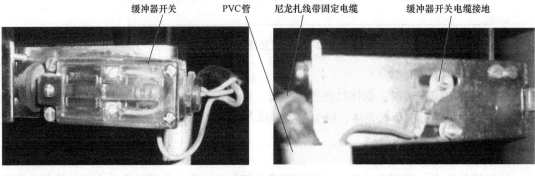

缓冲器开关　PVC管　尼龙扎线带固定电缆　缓冲器开关电缆接地

图 6-2-7　井道安全开关端电缆安装

4. 安装底坑电缆

底坑井道壁上安装一底坑检修箱，底坑检修箱内装有接线端子排，故进入检修箱的所有电缆根据电缆上号码管标记与端子相连，且黄绿线芯必须与盒内接地螺钉可靠连接，然后用尼龙扎带整理。底坑电缆安装如图 6-2-8 所示。

底坑内所有安全开关电缆出底坑检修箱后，沿井道壁水平明敷至离开关最近的井道壁，然后垂直敷设至底坑地面，再至安全开关，中途用电缆束线座及尼龙扎线带固定。安装时，根据建筑情况，若底坑容易进水，则考虑底坑安全开关电缆全部采用穿 PVC 管敷设。

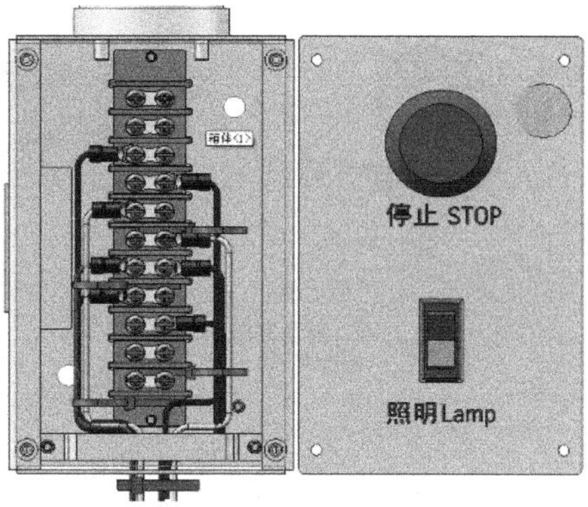

图 6-2-8　底坑电缆安装

（四）任务总结

1）通过安装井道电缆，熟悉井道电缆的布置方式。

2）通过安装井道电缆，掌握井道电缆安装标准要求及施工工艺。

五、思考与练习

1）简述井道电缆的敷设要求。

2）简述井道电缆的种类。

任务三　随行电缆的安装挂设

一、教学目标

终极目标：独自安装挂设随行电缆。

促成目标：1）熟悉随行电缆的连接原理。

2）掌握随行电缆的安装连接工艺及要求。

二、工作任务

1）按标准要求安装挂设随行电缆。

2）接线调试。

三、相关知识

1. 随行电缆布置简介

随行电缆分为圆形电缆和扁形电缆，现多采用扁形电缆。随行电缆是成捆运到工地的，如图 6-3-1a 所示。安装时绝对不要从电缆捆中轴向拉出电缆，也不要沿地面拖拽，如图 6-3-1b 所示。运电缆轴时，滚动方向必须逆着电缆盘绕方向，如图 6-3-1c 所示。贮存电缆轴时要直立放置，松弛下垂的电缆应当从轴上去掉，如图 6-3-1d 所示。

随行电缆由机房进入井道后，首先通过楔形扁电缆夹固定在靠近顶板的井道壁上，如图 6-3-2 所示。将随行电缆一端悬挂在井道顶部的上端电缆支架组件上，另一端挂在轿底的电缆专用挂架上，中间偏上端吊挂在井道 1/2 处向上 1.5m 的井道挂架上，如图 6-3-3 所示。

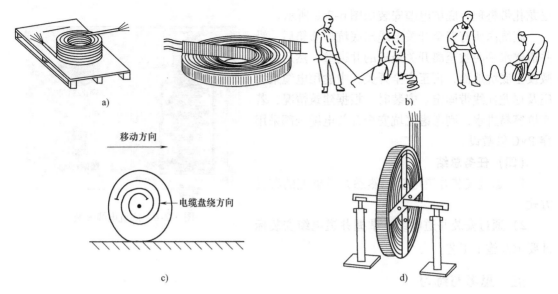

图 6-3-1　随行电缆安装准备

图 6-3-2　电缆夹固定随行电缆

2. 随行电缆挂设要求

1）随行电缆（简称随缆）的长度应根据中线盒（中间接线盒的简称）、轿底接线盒实际位置与两头电缆支架绑扎长度及接线裕量确定，保证在轿厢蹲底或撞顶时随缆不拉紧，正常运行时不蹭轿厢和地面，蹲底时距地面 100～200mm 为宜。

2）轿底电缆支架和井道电缆支架的水平距离：8 芯电缆不小于 500mm，16～24 芯电缆不小于 800mm。

3）挂随缆前应将电缆自由悬垂，使其内应力消除。多根随缆不宜绑扎成排。

4）用塑料绝缘导线（BV1.5mm）将随缆牢固地绑扎在随缆支架上。

5）电缆入接线盒应留出适当裕量，压接牢固，排列整齐。

6）当随缆距导轨支架过近时，为了防止随缆损坏，可自底坑沿导轨支架焊 ϕ6mm 圆钢至高于井道中部 1.5m 处，或设保护网。

自由悬挂段长度是指由顶层或井道中间的电缆悬挂点至电缆最下端的距离。如图 6-3-4 所示，电缆自由悬挂段长度大体与井道高度一致。因此，确定随行电缆长度及其固定点的位置时，常以井道高度作为参照。

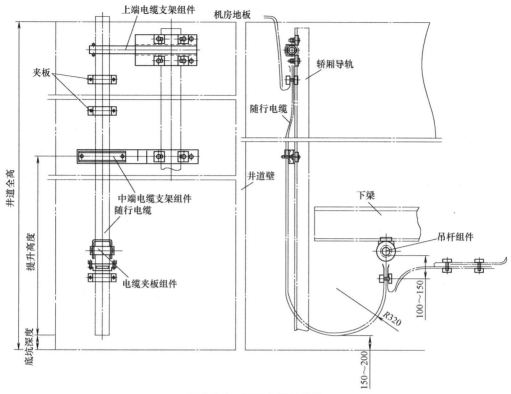

图 6-3-3　随行电缆的挂设

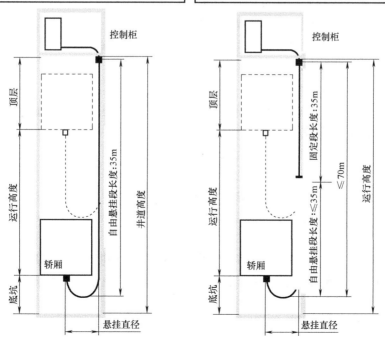

图 6-3-4　随行电缆的挂设标准要求

随行电缆的使用说明见表6-3-1。

表6-3-1　随行电缆使用说明

随行电缆	井道高度/m	井道中间是否要固定点
扁电缆，无支撑钢线	≤35	
扁电缆，无支撑钢线	>35 且≤70	要
扁或圆电缆，配支撑钢线	≤80	
扁或圆电缆，配支撑钢线	>80 且≤160	要

四、任务实施

（一）任务提出

安装挂设随行电缆。

（二）任务目标

1）熟悉随行电缆的连接原理。

2）掌握随行电缆的安装连接工艺及要求。

（三）实施步骤

安装流程图如图6-3-5所示。

1. 安装前的准备

1）随行电缆的安装应在有机房电梯的机房内、无机房电梯的顶层层门外进行。

2）随行电缆的安装应在轿架拼接完成后、脚手架拆除之前、调慢车之前进行。

3）安装前准备好安装中需要用到的各种必备工具，特别是固定电缆和放电缆盘的工具、放电缆时用以卸力的钢管、安装电缆夹用到的冲击钻和扳手等。

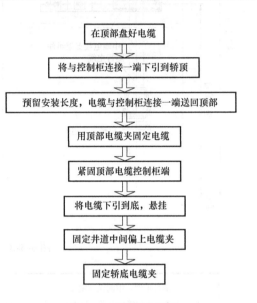

图6-3-5　安装流程图

（流程图内容：在顶部盘好电缆 → 将与控制柜连接一端下引到轿顶 → 预留安装长度，电缆与控制柜连接一端送回顶部 → 用顶部电缆夹固定电缆 → 紧固顶部电缆控制柜端 → 将电缆下引到底，悬挂 → 固定井道中间偏上电缆夹 → 固定轿底电缆夹）

2. 安装步骤

1）两人一起将随行电缆搬至顶层厅外，然后平放于门口。

2）一人进入井道脚手架平台，将随行电缆沿井道挂线架侧的井道壁往下放，一人在厅外配合输送电缆。放下电缆时应注意：

a. 放随行电缆时要戴帆布手套。

b. 不要让电缆进入脚手架内。

c. 边放边旋转电缆，使电缆不扭转。

d. 由于电缆比较重，不能直接用手拉着电缆往下放，要让电缆向架在脚手架的横竹上借力。

3）当电缆放下大约剩10m时，将电缆临时用电线绑扎到架于脚手架平台的横竹上。

4）固定井道挂线架侧（包含固定于墙壁上和固定在导轨上的挂线架以及固定在导轨上的中间线架）。

a. 确认随行电缆没有扭曲。

b. 先将随行电缆架于井道挂线架上，如图6-3-6所示；然后将随行电缆架于固定在导

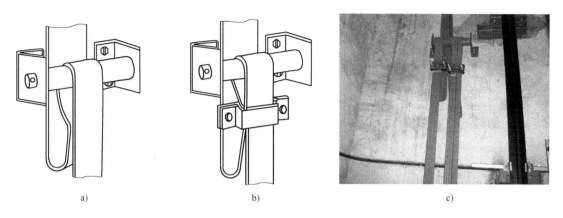

图 6-3-6 固定在井道上的挂线架

轨上的挂线架上，如图 6-3-7 所示；最后将随行电缆架于固定在导轨上的中间线架上，如图 6-3-8所示。挂设要求如图 6-3-9 所示。

　　c. 随行电缆下放到中线箱接线位置的长度后，使用随行电缆专用夹将其固定，如图 6-3-6b所示。

　　5）在轿架组装完成后可进行轿厢侧随行电缆的固定，固定要求见图 6-3-9。

图 6-3-7 固定在导轨上的挂线架

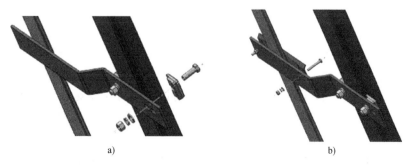

图 6-3-8 固定在导轨上的中间线架

　　a. 确认随行电缆没有扭曲。

　　b. 随行电缆下放到桥顶接线箱接线位置长度后，使用专用电缆夹将其固定，如图 6-3-10所示。将松弛电缆叠放并用绳夹固定，如图 6-3-11 所示。

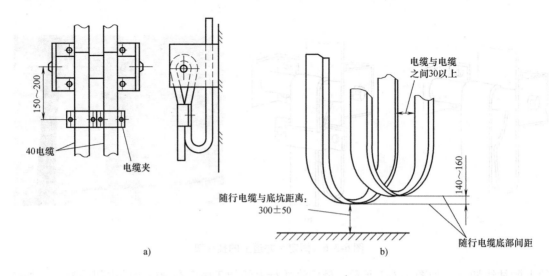

图 6-3-9　随行电缆挂设要求

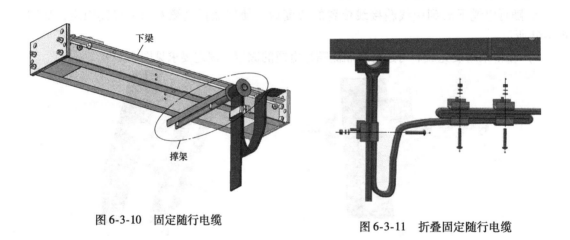

图 6-3-10　固定随行电缆　　　　　图 6-3-11　折叠固定随行电缆

c. 将绑扎于脚手架平台横竹上的电线解开，把电缆慢慢放下，此时电缆应挂于轿底挂线架上。

注意： 随行电缆的最终定位在电梯慢车运行后，在底坑内进行。

6）随行电缆挂设工作完成，挂设固定好的随行电缆如图 6-3-12 所示。

3. 注意事项

1）随行电缆将随轿厢升降而随动，安装时要考虑不能与井道支架、减速开关、平层叶片支架、曳引钢丝绳、限速钢丝绳、对重架和底坑缓冲器等部件相碰相扰，否则很容易发生设备安全事故。

2）电缆的最小曲率半径约为 300mm，应根据电缆的曲率半径来确定吊挂点。详见图 6-3-13 和图 6-3-14。

3）随行电缆安装前应预先进行悬挂消除应力，安装后可避免电缆产生波浪扭曲和打结的现象，否则运行时会异常晃动，并影响电缆使用寿命。

4）当有数条电缆时，要保持活动的间距，并沿高度错开 30mm。

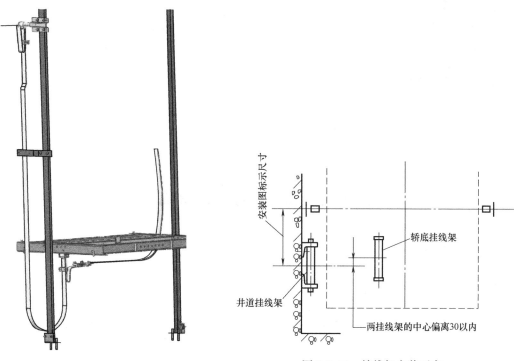

图 6-3-12 随行电缆挂设固定完成　　　　图 6-3-13 挂线架安装要求

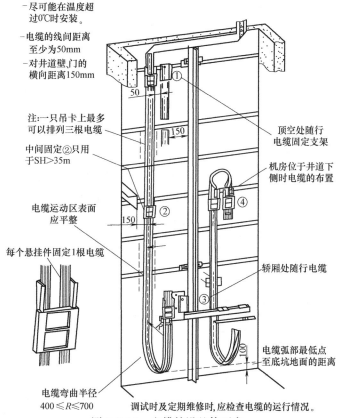

图 6-3-14 电缆挂设整体要求

（四）任务总结

1）通过安装挂设随行电缆，熟悉随行电缆的结构及工作原理。

2）通过安装挂设随行电缆，掌握随行电缆安装标准要求及施工工艺。

五、思考与练习

1）简述随行电缆挂设的标准要求。

2）简述随行电缆挂设的操作步骤。

3）简述随行电缆挂设的注意事项。

任务四　轿厢电缆的安装布置

一、教学目标

终极目标：独自安装布置轿厢电缆。

促成目标：1）熟悉轿厢电缆的连接原理。

2）掌握轿厢电缆的安装布置工艺及要求。

二、工作任务

1）按标准要求安装布置轿厢电缆。

2）接线调试。

三、相关知识

轿厢（轿顶、轿底及操纵箱）电缆采用明敷，在轿顶检修箱端以两种方式连接。

1. 电缆与接线端子排连接

图 6-4-1 所示为光幕电缆、平层开关电缆与轿顶检修箱间的连接情况。

2. 电缆用 AMP 插件连接

电缆用尼龙扎线带固定，涉及电缆见表 6-4-1。所有带接地线电缆黄绿线芯在轿顶检修箱内要与接地铜排可靠连接，如图 6-4-2 所示，器件侧与接地螺钉可靠连接。

表 6-4-1　插件代号及电缆名称

AMP 插件代号	电缆名称	备　注
A1、A2	随行电缆	带接地线
C1	轿厢通信、应急报警电缆	
C2	轿厢控制电缆	带接地线
C3	轿厢通信电缆	
D1	门机控制电缆	
D2	门机电源电缆	带接地线

（续）

AMP 插件代号	电缆名称	备　注
T1	检修下限位开关电缆	
T2	检修上限位开关电缆	
T3	轿厢风扇电缆	带接地线
T4	轿门锁电缆	带接地线
T5	安全钳开关电缆	带接地线
T8	轿厢照明电缆	带接地线
T9	称重电源电缆	带接地线
T77	轿底对讲电缆	
C77	对讲电源电缆	

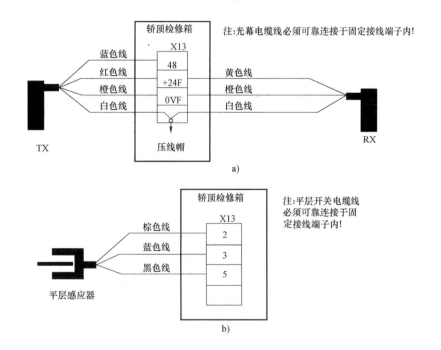

图 6-4-1　电缆与接线端子排连接

当平层感应组件安装在图 6-4-3 的③、④位置时，将检修下限位开关电缆、检修上限位开关电缆、平层开关电缆及对讲电源电缆等从轿顶检修箱引出，然后再将这些电缆从轿架横梁下面绕到横梁背面，沿轿架布线至各电气器件（检修下限位开关、检修上限位开在、平层开关及对讲电源等），中途用尼龙扎带固定电缆。

当感应组件安装在图 6-4-3 的①、②位置时，面对轿顶检修箱，轿厢电缆（除对讲电源电缆安装不变外）均沿轿架左边落至轿顶，再沿轿顶内侧壁布线，中途用尼龙扎带固定电缆。

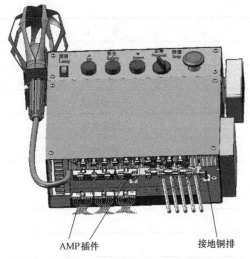

AMP插件　　　　　　接地铜排

图 6-4-2　电缆用 AMP 插件连接

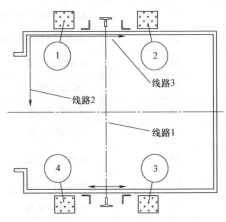

图 6-4-3　平层感应组件安装

在轿顶按照实际情况，沿横梁和轿架布置，尽量使电缆布置在维保人员不能踩踏到的位置，使用扎带固定牢固，如图 6-4-4 所示。

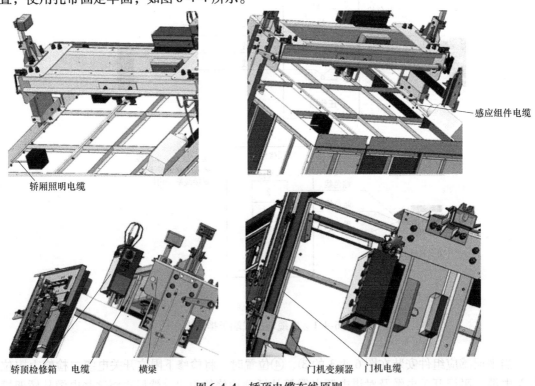

图 6-4-4　轿顶电缆布线原则

四、任务实施

（一）任务提出

安装布置轿厢电缆。

（二）任务目标

1）熟悉轿厢电缆的连接原理。

2）掌握轿厢电缆的安装布置工艺及要求。

（三）实施步骤

1. 安装安全钳端电缆

电缆可靠连接安全钳开关常闭触点，且电缆黄绿线芯必须可靠接地，如图 6-4-5 所示。

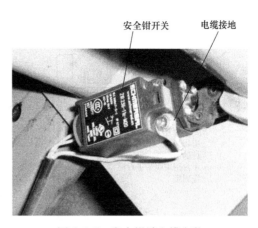

安全钳开关　　电缆接地

图 6-4-5　安全钳端电缆安装

2. 安装轿底电缆

轿底对讲机电缆、称重装置电源电缆及通信电缆沿轿厢外侧壁敷设至轿底，中途用尼龙扎线带固定。

3. 安装操纵箱电缆

操纵箱内部电缆出厂前已安装并测试，现场只要将操纵箱外露的电缆与轿顶检修箱端或称重装置连接即可。具体电缆见表 6-4-2。

表 6-4-2　操纵箱电缆

AMP 插件代号	电缆名称	连接位置	备　注
C1	轿厢通信、应急报警电缆	轿顶检修箱	
C2	轿厢控制电缆	轿顶检修箱	带接地线
C3	轿厢通信电缆	一端轿顶检修箱，另一端轿底称重装置	

4. 轿厢电缆布置的整体要求

具体要求如图 6-4-6 所示。

注意：轿顶和轿底部分的部件引出线应沿轿顶平台或轿底框架纵、横向整齐敷设，用束线带固定，不能斜向凌乱敷设，如图 6-4-7 所示。轿底部分的部件引出线、随行电缆等不允许固定在轿底称重装置上及对称重装置有碍的位置上。

5. 电缆安装检测

电缆安装完成后，必须用万用表检测相关项目，确认无误后方可通电。

（1）接地电阻检测　所有接地点对地电阻不得大于 4Ω。

（2）电源检测　控制屏未通电状态下，检测控制屏内主电源进线端子排上 L1、L2、L3 相间电阻，应为 ∞，相线端子与中性线端子 N 间电阻应为 ∞；检测照明电源进线端子排上 1L1、1LN 间电阻，应为 ∞。给控制屏通电，检测线电压应为 AC 380V $\times$（1 $\pm$ 7%），相电压应为 AC 220V $\times$（1 $\pm$ 7%）。

（3）安全、门锁回路检测　确定所有安全开关（缓冲器开关、断绳保护开关、极限开关、限速器开关、安全钳开关、急停开关、轿门锁开关和层门锁开关等）常闭触点均处于闭合状态，分别检测控制屏内端子排的端子间电阻应为零，与中性线端子 N 间电阻应为 ∞。

（4）井道 DC24V 电源检测　检测控制屏内端子排上端子 +24V 与 0V 间电阻，应为 ∞。

（四）任务总结

1）通过敷设轿厢电缆，熟悉轿厢电缆的组成。

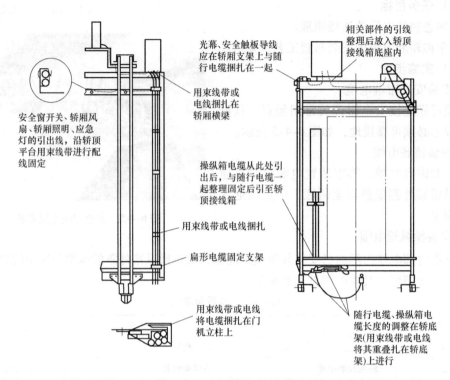

光幕、安全触板导线应在轿厢支架上与随行电缆捆扎在一起

用束线带或电线捆扎在轿厢横梁

相关部件的引线整理后放入轿顶接线箱底座内

安全窗开关、轿厢风扇、轿厢照明、应急灯的引出线，沿轿顶平台用束线带进行配线固定

操纵箱电缆从此处引出后，与随行电缆一起整理固定后引至轿顶接线箱

用束线带或电线捆扎

扁形电缆固定支架

用束线带或电线将电缆捆扎在门机立柱上

随行电缆、操纵箱电缆长度的调整在轿底架(用束线带或电线将其重叠扎在轿底架)上进行

图 6-4-6　布线的整体要求

轿顶布线杂乱无章

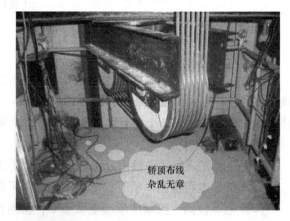

轿顶布线杂乱无章

图 6-4-7　杂乱的布线

2）通过敷设轿厢电缆，掌握轿厢电缆敷设标准及施工工艺。

五、思考与练习

1）简述轿厢电缆敷设的标准要求。

2）简述轿厢电缆敷设的操作步骤。

3）简述轿厢电缆敷设的注意事项。

项目七　电梯接地防雷作业

根据《建筑物防雷设计规范》（GB 50057—2010）第 3.1.1 条规定，各类防雷建筑物应采取防直击雷和防雷电波侵入的措施。

接地是防雷系统中最基础的环节，电梯系统属于建筑物内部电气设备，电梯设计中，需要就接地保护进行相关设计，要具备过电压保护的能力。

国家标准 GB 50303—2015《建筑电气工程施工质量验收规范》要求：成套配电柜、控制柜（屏、台）和动力、照明配电箱（盘）的金属框架及基础型钢必须接地（PE）或接零（PEN）可靠；装有电器的可开启门，门和框架的接地端子间应用裸编织铜线连接，且有标识。

低压成套配电柜、控制柜（屏、台）和动力、照明配电箱（盘）应有可靠的电击保护。柜（屏、台、箱、盘）内保护导体应有裸露的连接外部保护导体的端子，当设计无要求时，柜（屏、台、箱、盘）内保护导体最小截面积 S_p 不应小于表 7-0-1 的规定。

表 7-0-1　保护导体最小截面积规定

相线的截面积 S/mm^2	相应保护导体的最小截面积 S_p/mm^2
$S \leqslant 16$	S
$16 < S \leqslant 35$	16
$35 < S \leqslant 400$	$S/2$
$400 < S \leqslant 800$	200
$S > 800$	$S/4$

注：S 指柜（屏、台、箱、盘）电源进线相线截面积。相线与相应保护导体材质相同。

明敷接地线的表面应涂以 15～100mm 宽度相等的绿色和黄色相间条纹。当使用胶带时，应使用双色胶带。中性线宜涂淡蓝色标志。在接地线引向建筑物的入口处和在检修用临时接地点处，均应刷白色底漆并标以黑色接地记号。

任务一　防雷的特殊设计施工

一、教学目标

终极目标：独自完成电梯防雷的特殊设计施工。

促成目标：1）熟悉电梯防雷设计的原理。

2）掌握电梯防雷施工的工艺及要求。

二、工作任务

1）按标准要求安装电梯防雷设备。

2）接线调试。

三、相关知识

高层电梯通信线路较长，受感应的线路较长，是出现雷击停梯故障甚至烧毁电子板的主要原因。电梯分散使用在全国各大城市，地区差异明显。因此，针对地区差异对电梯进行适当配置，将有利于电梯在各地区的推广和维护。电梯安装在建筑物内，受建筑物避雷针或避雷网保护，被直击雷击中的可能性很小，因此可将注意力集中到防范感应雷方面。建筑物遭雷击现象如图7-1-1所示；电梯控制柜遭雷击后如图7-1-2所示。

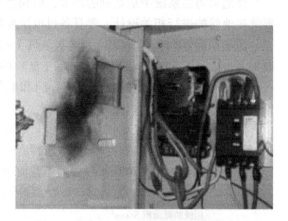

图 7-1-1　建筑物遭雷击　　　　　　　　　图 7-1-2　电梯控制柜遭雷击

1. 电源、信号线的屏蔽和接地

屏蔽是利用各种金属屏蔽体来阻挡和衰减加在电子设备上的电磁干扰或过电压能量，具体可分为建筑物屏蔽、设备屏蔽和各种线缆（包括管道）的屏蔽。建筑物屏蔽可利用建筑物钢筋、金属构架、金属门窗和地板等均相互连接在一起，形成一个法拉第笼，并与地网有可靠电气连接，形成初级屏蔽网。设备屏蔽应在对电子设备耐压水平调查的基础上，按国际电工委员会IEC划分的雷电防护区（LPZ）实行多级屏蔽。屏蔽效果首先取决于初级屏蔽网的衰减程度，其次取决于屏蔽层对于射频电磁波的反射损耗和吸收损耗程度。对入户金属管道、通信线路和电力线缆，要在入户前进行屏蔽（使用屏蔽线缆或穿金属管）接地处理。

2. 等电位连接

等电位连接是内部防雷装置中的一部分，其目的在于减少雷电流引起的电位差。等电位是用连接导线或过电压（浪涌）保护器，将处在需要防护的空间内的防雷装置、建筑物的金属构架、金属装置、外来导线、电气装置和电信装置等连接，形成等电位连接网络，以实现均压等电位，防止需要防护空间的火灾、爆炸、生命危险和设备损坏。

高层电梯机房金属门窗、金属构架应接地，做等电位处理。在电梯机房内使用40mm×4mm×300mm铜排设置等电位接地端子板，室内所有的机架（壳）、配线线槽、设备保护接地、安全保护接地和浪涌保护器接地端均就近接至等电位接地端子板。区域报警控制器的金属机架（壳）、金属线槽（或钢管）、电气竖井内的接地干线和接线箱的保护接地端等应就近接至等电位接地端子板。

3. 防雷器接地

这是散泄雷电流和有效降低电位的措施。接地有多种类型，有通信信号地、电源交流地、人身保护地、计算机系统逻辑地和防雷接地。由于用途不同，对地线要求也不相同。防雷的物理要求是：一旦有雷电流发生，应尽快把雷电流散发到大地。因而其接地装置接地电阻越低、等电位装置与接地装置间连接距离越短，相对而言，设备受雷电损坏的概率越低。

4. 电源和控制线路防雷设计

电梯控制系统主要由调速部分和逻辑控制部分构成。调速部分的性能对电梯运行时乘客的舒适感有着重要作用，目前大多选用高性能的变频器，利用旋转编码器测量曳引电动机转速，构成闭环矢量控制系统。对变频器参数的合理设置，不仅使电梯在运行超速和断相等方面具备了保护功能，而且使电梯的起动、低速运行和停止更加平稳舒适。变频器自身的起动、停止和电动机给定速度选择则都由逻辑控制部分完成，因此，逻辑控制部分是电梯安全可靠运行的关键。

（1）电源线路防雷设计 在电梯控制系统中，使用浪涌保护器能更有效地防止雷击灾害，电梯控制系统内部存在大量低压控制线路，浪涌保护器用于限制瞬时过电压和泄放浪涌电流，并联或串联于线路处，平时呈高阻态，当有瞬态浪涌时，浪涌保护器就会导通，将浪涌电流泄放到大地上，将线路两端的残余电压（以下简称"残压"）控制在一定范围内。

第一级保护：第一级保护的避雷器并联设置在建筑总配电箱及电表处，进行雷电流泄放，将雷击浪涌电流在该段线路的残压控制在 4000V 内，避免瞬间击毁设备。2006 年开始，国内大部分建筑物已设置第一级防雷浪涌保护器（一般设置在建筑总配电房内），这也是《建筑物防雷设计规范》中的最基本要求，故在电梯配置中不考虑该等级防雷浪涌保护器件的配置。

第二级保护：针对电梯的操作性，建议选用模块化设计、更换方便的浪涌保护器件。模块失效会自动脱离电梯控制系统，模块表面能清晰显示故障名称。在顶层电梯机房三相电源配电箱或配电柜处并联安装三相电源避雷器，将雷击浪涌残压控制在 2500V 内。

（2）电梯控制系统 PLC 电路板线路防雷设计 考虑电梯微机电源或信号采集部分大都为低压工作回路，承受瞬间高压冲击的能力不强，但如果发生损坏会导致电梯出现瞬时故障，造成乘客受困甚至受伤的情况，故有必要引入第三级浪涌保护器对控制系统中的重要电路板进行保护，以有效防止因 PLC 电路板损坏而造成的电梯瞬时故障。电梯使用的电路板种类繁多，各 PLC 电路板之间线路和相关电气性能有较大差异，而且每种电路板上存在不同电压级别的电源回路及信号回路，需要按照实际要保护的对象进行分析，挑选适当的避雷器保护电路板。给电路板和控制电路供电的线路，需进行浪涌保护器保护，并且浪涌保护器的额定电压必须与保护的回路电压等级相匹配。从实际工程经验来看，大部分受雷击的电路板都是顶层电梯机房内的控制柜内的 PLC 电路板，所以它是防雷设计中的重中之重。

运行维护：

1）避雷设备安装之后，应检查所有接线是否正确，然后运行测试，看系统和设备是否正常工作，有无异常情况，如有异常情况，则应及时检查，直至整个系统均正常运作。

2）每年雷雨季节前应对接地系统进行检查和维护。主要检查连接处是否紧固、接触是否良好、接地引下线有无锈蚀、接地体附近地面有无异常，必要时应挖开地面抽查地下屏蔽部分锈蚀情况，如果发现问题应及时处理。

3）接地网的接地电阻宜每年测量一次，如图7-1-3所示。

4）每年雷雨季节前应对运行中的避雷器进行一次检测，雷雨季节中要加强外观巡视，如检测发现异常应及时处理。

图7-1-3　防雷接地电阻测试

四、任务实施

（一）任务提出

检查学校电梯的防雷措施。

（二）任务目标

1）熟悉电梯防雷设计的原理。

2）掌握电梯防雷措施检测方法。

（三）实施步骤

1）由教师与学校后勤部门沟通，使用学校电梯作为教学工具。

2）由教师与学校电梯维保单位沟通，请求派出有经验的维保人员，前往学校辅助教学。

3）采用分组教学形式，每组5~6人，按组别进行授课。

4）授课时，要在每一层层门处做出维修标记，并派一个学生进行值班，防止他人进入电梯。

5）按国家标准检查电梯线路防雷措施，并做好记录。

（四）任务总结

1）通过检查电梯线路防雷措施，熟悉线路防雷的工作原理。

2）通过检查电梯线路防雷措施，掌握电梯线路防雷安装标准要求及施工工艺。

五、思考与练习

1）简述电梯防雷的重要性。

2）简述电梯防雷接地的方法种类。

3）简述电梯防雷接地设备的维护要求。

任务二　电梯接地作业施工

一、教学目标

终极目标：独自完成电梯接地作业施工。

促成目标：1）熟悉电梯接地设计的原理。

2）掌握电梯接地作业施工的工艺及要求。

二、工作任务

1）按标准要求完成电梯接地施工。

2）接线调试。

三、相关知识

1. 电梯接地要求

1）所有电气设备的金属外壳均应良好接地，其接地电阻值不应大于 4Ω。

2）接地线应用截面积不小于相线截面积 $1/3$ 的铜材导线，但最小截面积对于裸铜线而言不应小于 $4mm^2$，对于有绝缘层铜导线而言不应小于 $2.5mm^2$。

3）机房内接地线应穿管或线槽，曳引机及线槽的开式接地除外。

4）接地线接头用螺栓连接的应设有平垫圈和弹簧垫圈。

5）轿厢接地：电缆芯线用作接地线时，不得少于两根，且截面积不应小于 $1.5mm^2$。

6）36V 以上电压设备均需按要求接地。接地线应安全可靠，易于识别，用规定的黄绿双色线。

7）需接地的电梯部件，见表 7-2-1。连通后引至机房，接至电网引入的接地线上，如图 7-2-1 所示。切不可用中性线当接地线。为此应与当地主管供需电部门联系，认真了解电网中实施的接地保护系统。

8）线槽接头、电线管弯头、束结和分线盒应跨接接地线。可用 5mm 钢筋作跨接线。

9）零线与接地线应始终分开。保护接地与保护接零不得混用。

表 7-2-1　需接地的电梯部件

位置	需接地的电梯部件
机房	◆控制柜◆主回路电源变压器◆电抗器◆限速器◆电动机◆机房各线槽
轿厢	◆操纵箱◆轿顶电器箱◆轿门锁◆轿顶照明箱
井道	◆各层门锁◆指层器◆召唤箱◆底坑检修箱◆中间接线箱◆限位开关装置◆消防开关箱◆泊梯开关箱◆涨绳轮开关

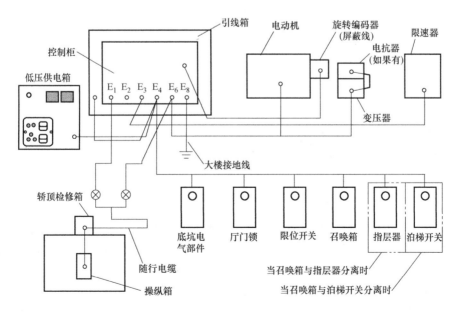

图 7-2-1　电梯接地系统示意图

2. 电梯接地施工

井道地线干线应垂放在井道线槽内。指层器、门锁开关和限位开关等井道设备的接地线，应用 T 线的接线方式接在地线干线上（应焊锡，并用电工胶布做包扎处理）。

如果是群控电梯，所有的控制柜需接地，如图 7-2-2 所示。动力电缆两端屏蔽层及黄绿双色线应可靠接地且接地线应牢固不易松动，接地线不能串接只能并接在接地柱上。布线时高压线与低压线分开铺设（不能在同一方向，如在同一方向应用线槽隔离），井道预制电缆所有接地应直接接在控制柜接地排，不能串接，控制柜通电前应检查并紧固柜内所有螺栓，避免出现由于螺栓未紧无法调试通车等现象，确保通电前柜内高压线与低压线无对地现象，并与图样相符，控制柜内线应绑扎好（高压线与低压线应分开绑扎）。接在控制柜接地线端子板的地线，接地线端子板侧应用大小合适的圆形线耳压接。在紧固螺栓时应使用弹簧垫圈，使用前应擦掉弹簧垫圈连接部位的铁锈或油漆。控制柜内部接地系统如图 7-2-3 所示；控制柜外部（线槽）接地系统如图 7-2-4 所示。

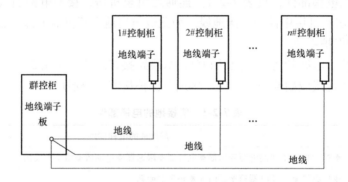

图 7-2-2　控制柜外部接地系统示意图

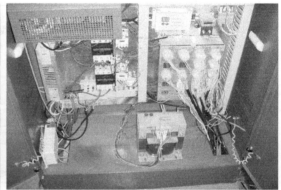

图 7-2-3　控制柜内部接地系统示意图

项目五介绍过电梯线槽的敷设，按照国家标准要求，线槽与线槽连接处应用黄绿双色线进行跨接且接地线长应不小于 50mm，固定应可靠，线槽与线槽跨接地线孔需在安装现场配孔。

线槽之间弯头、束结（外接头）和分线盒之间均应跨接接地线，并应在未穿入电线前用 φ5mm 的钢筋作接地跨接线，用电焊焊牢。接地线不能断开，也不接在胶木上或绝缘材

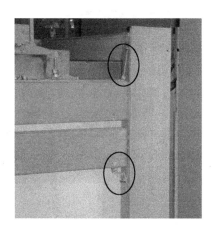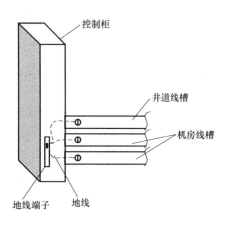

图7-2-4 控制柜外部（线槽）接地系统

料上。图7-2-5所示为层门接地线的错误接法，图7-2-6所示是轿门接地线的正确接法。

电气设备应有良好的绝缘强度，用500V电压表（绝缘电阻表）检查，其值必须大于1000Ω/V，且不得小于下述规定：

1）动力电路和电气安全装置电路：0.5MΩ。

2）其他电路（控制、照明和信号等）：0.25MΩ。

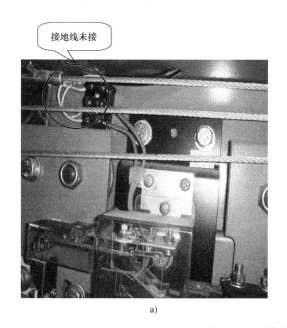

a)   b)

图7-2-5 层门接地线的错误

四、任务实施

（一）任务提出

检查学校电梯的接地措施。

图 7-2-6　轿门接地线安装

（二）任务目标

1）熟悉电梯接地的工作原理。

2）掌握电梯接地措施检测方法。

（三）实施步骤

1）由教师与学校后勤部门沟通，使用学校电梯作为教学工具。

2）由教师与学校电梯维保单位沟通，请求派出有经验的维保人员，前往学校辅助教学。

3）采用分组教学形式，每组 5 ~ 6 人，按组别进行授课。

4）授课时，要在每一层层门处做出维修标记，并派一个学生进行值班，防止他人进入电梯。

5）按国家标准检查电梯线路接地措施，并做好记录。

（四）任务总结

1）通过检查电梯线路接地措施，熟悉线路接地的工作原理。

2）通过检查电梯线路接地措施，掌握电梯线路接地安装标准要求及施工工艺。

五、思考与练习

1）简述电梯接地的作用。

2）列举电梯需接地的部件。

3）简述电梯接地线的安装位置。

项目八 电梯的试运行

电梯安装完成后，由专人负责把电梯的运行状态（速度、平层、电路等）调到最佳，保证电梯正常运行，之后交付客户使用。

任务 电梯的调试

一、教学目标

终极目标：独自完成电梯调试任务。

促成目标：1）熟悉电梯运行原理。

2）掌握电梯调试的步骤及内容。

二、工作任务

1）进行调试前的准备工作。

2）按标准要求调试电梯。

三、相关知识

1. 调试前的准备工作

（1）清洁作业 清洁作业应由上至下进行，避免重复作业。

1）机房的清扫。

a. 将控制屏顶部的杂物清理干净。

b. 将主机抱闸下面的杂物（如螺钉、螺母等）清理干净。

c. 将主机（曳引轮槽、导向轮槽和各槽钢）及限速器上的杂物清除干净。

d. 将机房楼面清扫干净，特别是要将地板上穿曳引钢丝绳及限速钢丝绳的孔内的杂物清干净。

e. 将控制屏插接头、插接座、继电器和接触器的触点上的灰尘除去。

2）轿厢的清扫。

a. 将轿顶上及轿顶电气接线箱内的杂物清扫干净。

b. 将轿厢内的杂物清扫干净。

c. 将轿门导轨及地坎槽的杂物清扫干净。

3）井道的清扫。在拆除脚手架之前，应由上到下对井道进行清扫。

a. 将层门头上的石块等杂物清扫干净。

b. 将导轨支架上的石块等杂物清扫干净。

c. 将中线箱及中线箱线槽上的杂物清扫干净。

d. 将井道照明灯具上的杂物清扫干净。

在拆除脚手架后，应将底坑的杂物清扫干净。

（2）润滑作业 根据曳引机的要求加入正确的润滑油，不能随意改变润滑油的种类。

1）拧开放油孔的螺栓，将减速箱内的油（在工厂加入的）放干净。

2）拧紧放油孔的螺栓，打开加油孔的盖子，按曳引机的型号加入润滑油。

3）加入润滑油的油量应在油尺两刻度线之间。

4）当油量满足要求后，盖上加油孔盖子。

（3）油漆作业

1）主机补漆。在搬运或吊装过程中，如果主机表面被刮花，则必须对主机被刮花的部位重新涂油漆，油漆的颜色应和主机的颜色相同。

2）井道焊接部位的油漆作业。

a. 导轨撑架、码托的所有焊接部位都应除去焊渣后，涂上油漆。

b. 导轨垫片的点焊部位应除去焊渣后，涂上油漆。

c. 层门托架焊接或点焊部位应除去焊渣后，涂上油漆。

d. 金属牛腿的焊接及点焊部位应除去焊渣后，涂上油漆。

e. 对于其他非标情况下的焊接（如修井等）部位应除去焊渣后，涂上油漆。

3）导轨端部的油漆作业。轿厢、对重油盅运行不到的导轨工作面应涂上油漆。

（4）调试工具准备 在调试员到达工地前，应按表8-1-1准备好调试用的工具。

表8-1-1 调试工具

编号	工具名称	规格	数量	备注
1	门轮间隙专用塞尺	0.3~0.7mm	1	经检验
2	安全帽		1	
3	手提行灯	AC 36V 带电缆、插头	2	
4	钢直尺	150mm	1	经检验
5	塞尺	0.02~1mm	1	经检验
6	卷尺	3.5m	1	经检验
7	水平尺	600mm	1	经检验
8	线坠	0.3kg	1	
9	一字螺钉旋具	50mm、100mm、150mm	各1	
10	十字螺钉旋具	75mm、100mm、150mm	各1	
11	呆扳手、梅花扳手	8、10、14、17、19、24	各2	
12	套筒扳手	12、13、14	各1	
13	活扳手	200mm	1	
14	手锤	1kg	1	
15	压线钳	HD-16L	1	
16	压线钳	HT-30L	1	闭端端子
17	斜口钳	160mm	1	
18	剥线钳		1	
19	粉笔	白色	1	
20	油性笔	黑色	1	

注：1. 用户提供的电源为三相五线制，机房应设置两个（380V、220V）独立控制的电源开关，要求地线必须是从大接电房或地基接地板单独引至机房，其接地电阻要求在4Ω以下。

2. 允许供电网络电压波动为±7%，电梯起动时电压降在10%以内。

3. 导线规格是指长度不超过50m时的最小规格，当导线长度超过50m时，其规格应乘长度系数，其值为：实际长度/50。

4. 用户提供的电源导线规格只允许等于或大于表8-1-2中的值。

2. 确认是否具备调试条件

当以上安装作业完成后，在申报调试前，应再次对以下项目进行检查，确认已具备调试条件。

1）供电电源确认：确认用户提供的正式或临时电源符合电梯运行要求。

2）确认底坑缓冲器已按要求安装完成。

3）确认所有层门已安装完毕，层门锁已安装，层门门套已全部塞（封）好。

4）确认随行电缆挂线架已按要求安装。

5）确认井道和机房的电缆、金属软管已按要求固定。

6）确认所有电气接线已完成且正确，所有井道线槽已盖好。

7）确认焊接作业已全部完成，焊接部位已涂油漆。

8）确认井道无妨碍轿厢、对重运行的物体，如钢筋、铁枝等。

9）确认对重块数量符合要求。

10）确认曳引钢丝绳锥套已按要求装好，对重架及轿厢锥套螺杆排列正确。

11）确认主机已按要求加油。

12）确认主机支承座已按要求支承在机房承重梁上。

表 8-1-2　电源导线规格

电机功率 /kW	断路容量 /A	楼宇变压器容量 /kV·A	铜导线规格 /mm²	地线规格 /mm²
4.5	25	5	6	2.5
5.5	25	6	6	2.5
7.5	32	8	6	2.5
9.5	50	7	6	2.5
11	50	8	6	2.5
13	50	10	6	2.5
15	80	14	16	4
18	80	16	16	4
20	80	16	16	4
22	80	17	16	6
24	80	19	25	6
27	100	21	25	6

四、任务实施

（一）任务提出

电梯运行调试。

（二）任务目标

1）熟悉电梯运行原理。

2）掌握电梯调试的步骤及内容。

（三）实施步骤

1. 安全作业注意事项

1）在调试前总电源开关及控制屏的断路器和各回路开关都应断开。

2）调试时，在每次接通或切断电源时应用手指按住电源开关并大声复述"电源切断"或"电源接通"。

3）用三角钥匙打开层门进入轿顶或轿厢前必须先确认电梯当前的位置。

4）电梯低速试运行时，应用正确的词语进行联络（如"急停复位""慢上""慢下"等）。

5）进入轿厢前，必须先按下STOP（急停）按钮。

6）复位急停开关时，应大声复述。

7）当断开电梯总断路器，在井道内进行作业时，必须在控制屏盖面上挂上"严禁合闸"的警示牌。

8）电梯正在运行时，不能将身体伸出轿顶的安全护栏以外。

9）进行线路检查时，必须断开供电电源，包括AC 380V、AC 220V。

10）进行底坑检查时，必须戴安全帽。

11）进行机械安装调整（如安装隔磁板等）时，必须切断安全回路。

2. 配合作业

为使电梯安装能按时、保质、保量地完成，安装人员在调试过程中，应积极配合调试员的调试工作。调试员到达现场后，安装组长应向调试员报告电梯安装的实际情况。在调试过程中，安装人员如发现问题应及时报告给调试员，以便问题能尽快得到解决。

（1）配合人员 一个工地必须有两位以上的熟练安装人员配合调试，配合人员中应至少有一个电工和一个钳工，如图8-1-1所示。

（2）配合作业

1）低速试运行（慢车）前的配合作业：电气接线检查，如图8-1-2所示；绝缘测试；机房运动部件检查和调整。

图8-1-1 配合人员配合作业

2）低速试运行（慢车）的配合作业：低速试运行；安全回路确认。

3）高速试运行（快车）前检查和调整的配合作业。

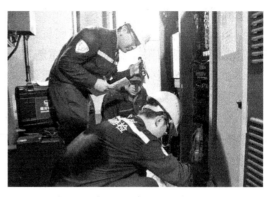

图 8-1-2 电气接线检查

a. 井道清洁作业。站在轿厢顶部，按轿顶检修箱上的慢下按钮，电梯低速运行，由上至下将撑架、层门头、层门地坎和层门导轨上的杂物清扫干净。用干净的棉纱浸 N46 机油后，由上至下抹净导轨工作面。当底坑的杂物清扫干净后，应用柴油对安全钳楔块进行清洗。

b. 按要求安装轿厢、对重油盅。

c. 逐层对层门进行重新调整，调整时应检查层门联锁滚轮与轿厢地坎的间隙是否符合要求，层门调整后，应确认各层层门手动开、关顺畅，如图 8-1-3 所示。

d. 关上轿门，将轿顶门机开关置 OFF，逐层对门刀，确认门刀和层门联锁滚轮的配合及门刀与踏板的间隙符合要求。在轿厢和对重重合的位置，将两张"对重接近注意"的安全标志用木螺钉固定在井道壁上，如图 8-1-4 所示。

图 8-1-3 层门调整

e. 按要求安装楼层隔磁板。

f. 用黄色油漆在曳引钢丝绳上标示出电梯的端站位置。为防止停电盘车时冲顶及蹲底事故发生，在低速试运行后，应按图 8-1-5 的要求，在机房曳引钢丝绳上用黄色油漆将电梯在端站平层处的位置标示出来。

g. 配合安全钳动作试验。

4）高速试运行（快车）的配合作业。高速试运行时，应配合调试员做好以下工作：层楼高度测量；高速试运行；电梯试重；平层调整；电梯舒适感调整；电梯功能测试。

5）高速试运行（快车）后的调整作业。

a. 在每层平层位置开、关门，确认整个开、关门过程层门顺畅无响声，否则应重新调整。

b. 试运行过程中，若对重缓冲距小于规定值，则应通过降低对重架缓冲座或裁剪曳引钢丝绳来调整，如图8-1-6所示。

c. 试运行过程中，若涨紧轮与底坑地面的距离小于规定值，则应裁剪限速器钢丝绳，重新进行调整。

d. 试运行过程中，若补偿链与对重缓冲水泥墩的距离小于标准值，则应对补偿链重新进行调整。

e. 在电梯试重后，应再次对曳引轮和导向轮的垂直度、平面度进行检查，确认其符合要求，若不符合则应重新进行调整。

（3）清场、验收、退场

1）清场：电梯调试完成后，再次清扫机房、轿厢和底坑的杂物。收放好安装工具，整理好工具房，并搞好工具房卫生。

2）验收：买方确认电梯符合合同要求后，安装人员要联系厂方通知有关单位验收，协同验收人员完成电梯的正式验收工作，对不符合要求项目应及时整改，并重新验收该项目。填好验收报告。

3）退场：电梯验收合格后，同买方完成电梯使用交接工作：

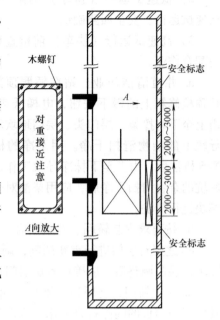

图8-1-4 设置安全标志

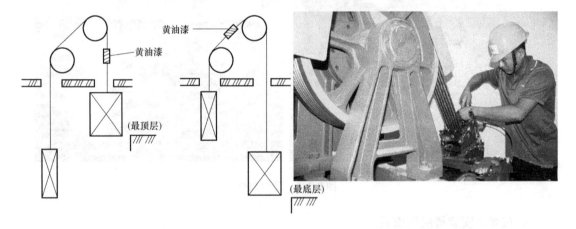

图8-1-5 机房曳引钢丝绳的端站标示

a. 解释使用过程中的安全注意事项、日常检查和维护工作。

b. 交接控制柜钥匙和层门钥匙。

c. 交接相关的客户保留文件。

d. 收齐安装队的物件及剩余物料，离开安装现场。

（四）任务总结

1）通过对电梯的调试，熟悉电梯运行工作原理。附录A为某品牌电梯调试运行参考标准。

2）通过对电梯的调试，掌握电梯调试的具体内容及步骤。

图 8-1-6　对重缓冲距检查

五、思考与练习

1）简述电梯调试的内容。

2）简述电梯调试的步骤。

3）简述电梯调试的注意事项。

项目九　电梯的验收

电梯调试完毕后，施工单位告知使用单位。然后使用单位向特检所提出验收申请，由特检所安排检验时间，并由施工单位、使用单位共同准备好材料，等待验收。

任务　电梯的验收工作

一、教学目标

终极目标：独自完成电梯的验收工作。

促成目标：1）熟悉电梯验收的标准。

2）掌握电梯验收的步骤及内容。

二、工作任务

1）进行电梯验收的准备工作。

2）按标准要求验收电梯。

三、相关知识

1. 电梯设备的验收程序步骤

（1）提出申请　电梯使用单位向特检所提出验收申请。

（2）安排时间　特检所、检验所安排检验时间，并通知相关单位。

（3）准备验收　电梯使用单位做好检验准备工作：电网输入电压应正常，电压波动应在额定电压值 ±7% 的范围内；清理机房、厅外、井道和底坑等场所卫生。

（4）资料审查

1）审查制造、安装、重大维修、改造相关资料。

2）查阅制造单位提供的产品质量证明及随机技术文件。

3）查阅安装单位的施工过程记录、自检报告和事故记录。

4）查阅安装过程的监督检验报告书。

5）审查电梯安全管理制度建立与落实情况。

6）审查电梯操作人员培训持证情况。

（5）现场检验

1）检查电梯检验现场配合人员及安全保障措施落实情况。

2）检查机房（环境、控制屏及主机等）。

3）检查井道（包括井道内部附属设施）。

4）检查轿厢与对重。

5）检查曳引绳。

6）检查层门与轿门。

7）检查底坑。

8）进行功能试验。

9）进行电梯综合性能测试（加减速、噪声等）。

10）填写原始记录。

（6）结论判定　根据检验情况，依据国家质量监督检验检疫总局的《电梯监督检验规程》出具《电梯验收检验报告》，做出"合格"、"复检合格"、"不合格"或"复检不合格"的结论。

（7）问题整改　根据《电梯监督检验规程》要求：

1）检验中发现存在一般缺陷问题时，由检验员出具特种设备安全监督检验整改通知单，有关单位在 10 个工作日内完成整改。

2）检验中发现存在严重缺陷问题时，出具特种设备安全监督检验整改通知单，并向使用单位和维保单位通报"不合格"结论，需整改复检，同时报市局安全监察机构。

（8）出具监督检验报告、监督检验证书　检验员根据原始记录在 10 个工作日内出具监督检验报告、监督检验证书，并流转到发证窗口。

2. 电梯验收注意事项

（1）提供的资料

1）制造企业应提供的资料和文件：装箱单；产品出厂合格证；机房井道布置图；使用维护说明书（应含电梯润滑汇总图表和电梯功能表）；动力电路和安全电路的电气线路示意图及符号说明；电气敷线图；部件安装图；安装说明书；安全部件（门锁装置、限速器、安全钳及缓冲器）型式试验报告结论副本，其中限速器与渐进式安全钳还须有调试证书副本。

2）安装企业应提供的资料和文件：安装自检记录；安装过程中事故记录与处理报告；由电梯使用单位提出的经制造企业同意的变更设计的证明文件。

（2）保持清洁　安装完毕的电梯及其环境应清理干净。机房门窗应防风雨，并标有"机房重地，闲人免进"字样。通向机房的通道应畅通、安全，底坑应无杂物、积水与油污。机房、井道与底坑均不应有与电梯无关的其他设备。

（3）正确操作　电梯各机械活动部位应按说明书要求加注润滑油。各安全装置安装齐全，位置正确，功能有效，能可靠地保证电梯安全运行。

四、任务实施

（一）任务提出

验收电梯。

（二）任务目标

1）熟悉电梯验收的标准。

2）掌握电梯验收的步骤及内容。

（三）实施步骤

1. 机房

1）每台电梯应单设一个可以切断该电梯的主电源开关，该开关位置应能从机房入口处方便迅速地接近，如几台电梯共用同一机房，各台电梯主电源开关应易于识别。其容量应能切断电梯正常使用情况下的最大电流，但该开关不应切断下列供电电路：轿厢照明和通风；机房和滑轮间照明；机房内电源插座；轿顶与底坑的电源插座；电梯井道照明；报警装置。

2）每台电梯应配备供电系统断相、错相保护装置。

3）电梯动力与控制线路应分离敷设，从进机房电源起零线和接地线应始终分开，接地线为黄绿双色绝缘电线，除了使用 36V 以下安全电压的电气设备外，设备金属罩壳均应设有易于识别的接地端，且应有良好的接地。接地线应分别直接接至接地线柱上，不得互相串接后再接地。

4）线管、线槽敷设应整齐、牢固。线槽内导线总面积不大于槽净面积的 60%；线管内导线总面积不大于管内净面积的 40%；软管固定间距不大于 1m，端头固定间距不大于0.1 m。

5）控制柜、屏的安装位置应符合：控制柜、屏正面距门、窗不小于 600mm；控制柜、屏的维修侧距墙不小于 600mm；控制柜、屏距机械设备不小于 500mm。

6）机房内钢丝绳与楼板孔洞每边间隙均应为 20~40mm，通向井道的孔洞四周应筑一高 50mm 以上的台阶。

7）曳引机承重梁如需埋入承重墙内，则支承长度应超过墙厚中心 20mm，且不应小于 75mm。

8）在电动机或飞轮上应有与轿厢升降方向相对应的标志。曳引轮、飞轮和限速器轮外侧面应漆成黄色。制动器手动松闸扳手漆成红色，并挂在易接近的墙上。

9）曳引机应有适量润滑油。油标应齐全，油位显示应清晰，限速器各活动润滑部位也应有可靠润滑。

10）制动器应动作灵活，制动时两侧闸瓦应紧密、均匀地贴合在制动轮的工作面上，松闸时应同步离开，闸瓦与制动轮间隙不大于 0.7mm。

11）限速器绳轮、选层器钢带轮对铅垂线的偏差均不大于 0.5mm，曳引轮、导向轮对铅垂线的偏差在空载或满载工况下均不大于 2mm。

12）限速器运转应平稳，出厂时动作速度整定封记应完好无拆动痕迹，限速器安装位置正确、底座牢固，当与安全钳联动时无颤动现象。

13）停电或电气系统发生故障时应有轿厢慢速移动措施，如用手动紧急操作装置，应能用松闸扳手松开制动器，并需用一个持续力去保持其松开状态。

2. 井道

1）每根导轨至少应有两个导轨支架，其间距不大于 2.5m，在特殊情况下，应有措施保证导轨安装满足 GB 7588—2003 规定的弯曲强度要求。导轨支架水平度不大于 1.5%，导轨支架的地脚螺栓或支架直接埋入墙的埋入深度不应小于 120mm。如果用焊接支架，其焊缝应是连续的，并应双面焊牢。

2）当电梯冲顶时，导靴不应越出导轨。

3）每列导轨工作面（包括侧面与顶面）对安装基准线每 5m 的偏差均应不大于下列数值：轿厢导轨和设有安全钳的对重导轨为 0.6mm；不设安全钳的 T 型对重导轨为 1.0mm。在有安装基准线时，每列导轨应相对基准线整列检测，取最大偏差值。电梯安装完成后检验导轨时，可对每 5m 铅垂线分段连续检测（至少测 3 次），取测量值间的相对最大偏差，应不大于上述规定值的 2 倍。

4）轿厢导轨和设有安全钳的对重导轨，工作面接头处不应有连续缝隙，且局部缝隙不大于 0.5mm，导轨接头处台阶用直线度为 0.01/300 的平直尺或其他工具测量，应不大于 0.05mm，如超过应修平，修光长度为 150mm 以上；不设安全钳的对重导轨接头处缝隙不得大于 1mm，导轨工作面接头处台阶应不大于 0.15mm，如超过亦应校正。

5）两列导轨顶面间距离的允许偏差：轿厢导轨为 $^{+2}_{0}$mm，对重导轨为 $^{+3}_{0}$mm。

6）导轨应用压板固定在导轨架上，不应采用焊接或螺栓直接连接。

7）轿厢导轨与设有安全钳的对重导轨的下端应支承在地面坚固的导轨座上。

8）对重块应可靠紧固，对重架若有反绳轮时其反绳轮应润滑良好，并应设有挡绳装置。

9）限速器钢丝绳至导轨导向面与顶面两个方向的偏差均不得超过 10mm。

10）轿厢与对重间的最小距离为 50mm，限速器钢丝绳和选层器钢带应张紧，在运行中不得与轿厢或对重相碰触。

11）封闭式井道内应设置照明，井道最高与最低 0.5m 以内各装设一灯外，中间灯距不超过 7m。

12）电缆支架的安装应满足：避免随行电缆与限速器钢丝绳、选层器钢带、限位开关、极限开关、井道传感器及对重装置等交叉；保证随行电缆在运动中不与电线槽、管发生卡阻；轿底电缆支架应与井道电缆支架平行，并保证电梯电缆处于井道底部时能避开缓冲器，并保持一定距离。

13）电缆安装应满足：随行电缆两端可靠固定；轿厢压缩缓冲器后，电缆不得与底坑地面和轿厢底边框接触；随行电缆不应有打结和波浪扭曲现象。

3. 轿厢

1）轿厢顶有反绳轮时，反绳轮应有保护罩和挡绳装置，且润滑良好，反绳轮铅垂度不大于 1mm。

2）轿厢底盘平面的水平度应不超过 3/1000。

3）曳引绳头组合应安全可靠，并使每根曳引绳受力相近，其张力与平均值偏差均不大于 5%，且每个绳头锁紧螺母均应安装有锁紧销。

4）轿内指令按钮动作应灵活，信号应显示清晰，轿厢超载装置或称量装置应动作可靠。

5）轿顶应有使电梯停止运行的非自动复位的红色停止开关，且动作可靠。在轿顶检修接通后，轿内检修开关应失效。

6）轿厢架上若安装有限位开关碰铁时，相对铅垂线最大偏差不超过 3mm。

7）各种安全保护开关应可靠固定，但不得使用焊接固定，安装后不得因电梯正常运行的碰撞或因钢丝绳、钢带、皮带的正常摆动使开关产生位移、损坏和误动作。

4. 层站

1）层站指示信号及按钮安装应符合图样规定，位置正确，指示信号清晰明亮，按钮动作准确无误，消防开关工作可靠。

2）层门地坎应具有足够的强度，水平度不大于 2/1000，地坎应高出装修地面 2～5mm。

层门地坎至轿门地坎水平距离偏差为 +30mm。

3）层门门扇与门扇、门扇与门套、门扇下端与地坎的间隙，对于乘客电梯应为 1 ~ 6mm，对于载货电梯应为 1 ~ 8mm。

4）门刀与层门地坎、门锁滚轮与轿厢地坎间隙应为 5 ~ 10mm。

5）在关门行程 1/3 之后，阻止关门的力不超过 150N。

6）层门锁钩、锁臂及动触点动作灵活，在电气安全装置动作之前，锁紧元件的最小啮合长度为 7 mm。

7）层门外观应平整、光洁，无划伤或碰伤痕迹。

8）由轿门自动驱动层门情况下，当轿厢在开锁区域以外时，无论层门由于何种原因而被开启，都应有一种装置能确保层门自动关闭。

5. 底坑

1）轿厢在两端站平层位置时，轿厢、对重装置的撞板与缓冲器顶面间的距离，对于耗能型缓冲器应为 150 ~ 400mm，对于蓄能型缓冲器应为 200 ~ 350mm，轿厢、对重装置的撞板中心与缓冲器中心的偏差不大于 20 mm。

2）同一基础上的两个缓冲器顶部与轿底对应距离差不大于 2mm。

3）液压缓冲器柱塞铅垂度不大于 0.5%，充液量正确。且应设有在缓冲器动作后未恢复到正常位置时使电梯不能正常运行的电气安全开关。

4）底坑应设有使电梯停止运行的非自动复位的红色停止开关。

5）当轿厢完全压缩在缓冲器上时，轿厢最低部分与底放置坑底之间的净空间距离不小于 0.5m，且底部应有一个不小于 0.5m × 0.6m × 1.0m 的矩形空间（可以任何面朝下）。

6. 整机功能检验

（1）限速器安全钳联动试验　限速器与安全钳电气开关在联动试验中动作应可靠，且能使曳引机立即制动。

（2）缓冲试验　蓄能型缓冲器仅适用于额定速度不大于 1m/s 的电梯，耗能型缓冲器可适用于各种速度的电梯。对耗能型缓冲器需进行复位试验，即轿厢在空载的情况下以检修速度下降将缓冲器全压缩，从轿厢开始离开缓冲器一瞬间起，直到缓冲器恢复到原状，所需时间应不大于 120s。

（3）层门与轿门联锁试验　在正常运行时和轿厢未停止在开锁区域内时，层门应不能打开，如果一个层门打开，电梯应不能正常起动或继续正常运行。

（4）上下极限动作试验　设在井道上下两端的极限位置保护开关，应在轿厢或对重接触缓冲器前起作用，并在缓冲器被压缩期间保持其动作状态。

（5）安全开关动作试验　电梯以检修速度上下运行时，人为动作下列安全开关两次，电梯均应立即停止运行。

1）安全窗开关（如设有安全窗，通过打开安全窗试验）。

2）轿顶、底坑的紧急停止开关。

3）限速器松绳开关。

（6）运行试验

1）轿厢分别以空载、50% 额定载荷和额定载荷三种工况，并在通电持续率为 40% 的情况下，在全行程范围内运行，频率为 120 次/h，每天不少于 8h，各起、制动运行 1000 次，电梯应运行平稳、制动可靠、连续运行无故障。

2）制动器温升不应超过 60K，曳引机减速器油温升不超过 60K，其温度不应超过 85℃，电动机温升不超过 GB/T 12974—2012《交流电梯电动机通用技术条件》的规定。

3）曳引机减速器，除蜗杆轴伸出一端渗漏油面积平均每小时不超过 150cm² 外，其余各处不得有渗漏油。

（四）任务总结

1）通过跟踪电梯验收过程，熟悉电梯验收前的准备资料。

2）通过跟踪电梯验收过程，掌握电梯验收的步骤及验收内容。

五、思考与练习

1）简述电梯验收前的准备资料。

2）简述电梯验收的步骤及验收内容。

3）填写电梯验收表格。参考附录 B：电梯验收常用表格。

项目十 电梯电气部件的维保

电梯作为一台机电一体化的大型特种设备，其结构较为特殊。它不能以整机形式运到使用现场，而是以分散组件的形式运送到现场，经过安装、调试、检验合格后才能成为整机供使用。

因此一台电梯的好坏，亦即质量高低的评价，既有厂家方面的产品组件质量、产品设计成熟程度因素，也有安装工艺和验收标准因素，还有投入使用以后的维护程度等因素，每一种因素都会影响到电梯的正常使用及其寿命。使用者是以故障率高低作为主要衡量标准，其次是运行舒适感和感官效果。

电梯作为高层楼宇的必要且不可替代的交通工具，对于人们的生活和工作极为重要，其安全性和可靠性更是电梯生产厂家和维修保养单位必须更加努力去保障的。

一台电梯在安装并投入后，由于安装、保养工艺的局限性，受使用条件和环境影响，不可避免地会出现各类故障。电梯故障通常分为机械故障和电气故障。机械故障与产品、安装、保养质量有关，一般来说主要是机械部件机械强度不足、设计缺陷和松动产生位移造成。电气故障相对较为复杂，电梯的运行是一个复杂过程，必须具备设定的条件后，电梯才能起动，在一定的条件下，才可以持续运行，达到一定条件后，才能正常换速并停车。因此，电梯如果在人为强制驱动运行情况下强行满足其并不具备的条件（比如取消某一检测功能或短接某一检测回路），可能存在一定的危险性，轻则对设备造成进一步的损坏，重则造成人员伤亡等严重事故。电梯的日常保养尤为重要，图 10-0-1 所示为层门保养过程。

图 10-0-1 电梯层门保养过程

任务一 电梯维保安全操作认知

一、教学目标

终极目标：独自正确安全完成电梯电气部件的维保工作。

促成目标：1）熟悉特种设备安全作业通用要求。

2）掌握电梯维保的安全操作要求。

二、工作任务

掌握电梯维保安全操作要求。

三、相关知识

1. 安全作业通用事项

（1）作业前的注意事项

1）为使自身条件处于良好状态，应有足够的睡眠时间，以最佳健康状态面对作业。

图 10-1-1 电梯维保人员工作服

2）应穿戴整洁规范的工作服、工作帽、安全带和安全鞋，如图 10-1-1 所示。

3）掌握当天维护保养现场的各作业内容、工序，根据需要准备安全带及其他保护用具。

4）应使用检验合格的工具、计量器具作业。

（2）作业现场的注意事项

1）作业开始之前，应面见电梯管理负责人，说明作业目的及作业的预定时间，让其了解情况。

2）对将要展开的作业内容、顺序及工序应再次详细协商。

3）不得凭借作业者自己的随意判断和第三者的言行而擅自行动。

4）命令、指示和联络的手势应相互确认，考虑照明、能见度和噪声等因素，确保准确地传达。

5）机房的通道及进出口的附近不应放置障碍物，机房内不得放置与电梯运行无关的物品，如图 10-1-2 所示。

6）检修中的运行应由受过运行操作培训者进行，任何情况下不允许让第三者操作。

7）在超过 2m 的高度作业时，原则上应设置作业平台，作业平台架设困难时，必须使用安全带，如图 10-1-3 所示。

8）升降高或深超过 1.5m 的地方时必须使用梯子、舷梯。

9）为确保作业人员的安全，同时也保证第三者的安全，应在各层明显的地方设置标志，向第三者说明正在作业。电梯保养标志如图 10-1-4 所示。

10）因作业场所不同，有时得不到适度照明，此时应灵活使用移动灯具照明作业。

11）除作业时间外，轿厢内操纵箱应加盖上锁。

12）原则上不许带电作业，不得已要进行带电作业时，应用绝缘保护用具。

13）作业中严禁吸烟。

14）作业结束前，应仔细检查机房、井道和底坑，应无影响电梯运行的障碍物。

图 10-1-2　电梯机房

图 10-1-3　轿顶作业时使用安全带

图 10-1-4　电梯保养标志

15）作业结束后，应面见客户管理负责人，进行作业结束的汇报后再撤出。

（3）一个人作业的注意事项

1）作业人员应充分认识其安全重要性，要保证自身安全，也要确保其他人员的安全，细心地投入作业。

2）作业时要充分考虑与外部联络的手段，必须携带通信工具。

3）作业前应再次确认作业内容，同时预测危险部位。

4）出现一个人无法完成的作业时，马上向上级汇报，请求指示，不得凭借一个人的判断擅自进行作业。

（4）一个人危险预测方法　危险预测要求以小组形式实施，小组危险预测是其基本原则，但因作业不同有时也可能一个人进行。一个人作业与小组作业不同，没有给予指示和提请注意的人，容易出现野蛮操作和不安全行动。一个人危险预测一般采用自问自答卡片方法：是否有被夹着的危险；是否有被剪切、擦伤的危险；是否有被卷入的危险；是否有掉下、跌倒的危险；是否有被火烧伤的危险；是否有扭伤腰的危险；是否有触电的危险；是否存在其他危险。

2. 安全作业专用事项

（1）机房

1）除在机房作业时间以外，机房的门要锁着，防止第三者进入，如图10-1-5所示。

图10-1-5　电梯机房

2）零部件、抹布和油脂类要管理好，放在指定的地方。

3）避免工具、物品从机房地面钢丝绳孔等掉入井道。

4）操纵电源开关及各开关时，要由操作者或经接到指示的人员进行。

5）断开的电源开关要有"不要送电"的告示板。

6）配电盘的一次侧经常处于通电状态，因此注意不要触电。

7）两台以上并列的电梯，即使把一台的电源开关断开，共同用的电路也是通电状态，所以要特别注意，防止触电。

8）控制柜的门，除作业以外必须关闭上锁，将门打开作业时应尽量避免带电作业。

9）控制柜内不准放任何物品。

10）在进行曳引机、限速器等旋转件作业时，必须断开电源后进行。另外，目视检查运行状态时，要充分注意手、工作服、抹布等不要触碰旋转部件，防止被卷入。

11）在检查、清洁钢丝绳时，要把电源断开后再进行。特别是在检查钢丝绳磨损，钢丝绳的绳股是否切断时，要在轿厢提升时进行，这时要充分注意，不要把手卷入绳轮等旋转部件中。

12）在手动轿厢上升、下降时必须切断电源之后按照操作者的指示进行。

（2）井道

1）打开层门进入电梯顶部时，应遵守由层门上电梯顶部方法的规定。

2）轿顶上作业不允许在运行中进行，边运行、边检查井道内装置的情况要在电梯从上层向下层的下降运行状态下进行。手必须触摸到安全开关，无论在任何时候都能立刻使开关断开。电梯轿顶作业如图10-1-6所示。

图 10-1-6　电梯轿顶作业

3）升降运行中，维保人员应位于碰不到井道内的机器、建筑结构等的位置。特别是2:1挂绳的电梯，钢丝绳不允许碰到其他物体。

4）轿顶作业时，由于电梯起动、停止的冲击，作业人员在轿顶上应注意平稳站立，不要跌倒。

5）不允许将工具放在轿顶上或井道内设置的平层开关上，防止剐蹭手、脚等。另外，在轿顶上要充分注意工具不能掉落。

6）开、关门时注意身体的平衡和脚下安全，不要夹着手、脚。

7）在轿顶上开层门时，由于门的运动有时会剐蹭其他人，因此要充分注意，应慢慢地将层门打开。

8）绝不能站立在井道内的中间梁上或利用支承架爬上、爬下，避免坠落被挤压。

9）并列设置电梯时，不允许从一台电梯的轿厢跨到另一台电梯的轿厢上。

10）不允许在轿顶和底坑两处以上同时作业。

11）使用的工具必须放回工具袋中，不能放到他处。

（3）底坑

1）出入底坑时要遵守出入底坑的方法的规定，如图10-1-7所示。

图 10-1-7　底坑作业

2）绝对不能在层门打开的状态时离开。

3）在底坑里作业时，不允许运行轿厢。如有特殊情况需要时，操作者要按照底坑作业人员的指示进行。另外，不允许以快车状态直接运行到最底层。

4）底坑作业人员要充分注意对重等的移动，做好任何时候用底坑的安全开关把轿厢置于停止状态的准备。

3. 大修换件安全作业

为了安全高效地进行电梯的修理改造工程作业，要遵守电梯现场安全作业标准的规定事项。

要牢记下述事项：

（1）通用项 有关升降机的作业，常常潜藏着性命攸关的危险，因此要自觉整理好作业环境，必须以冷静沉着的态度来进行作业。

1）在作业中，必须穿戴工作服、工作帽、工作鞋，根据作业的情况还要使用安全带、保护帽、安全面罩及其他保护用具。

2）作业人员在开始工作之前，应和作业负责人商量好并按照其指示作业。另外，在作业中，根据作业内容，在规定地点设置标示牌，采取对第三者的安全保护措施。

3）工具、机器及保护器具要定期检查。在每次使用之前要仔细检查有无异常。

4）作业场地要经常整理整顿。

5）经常注意健康情况，身体有异常时应提出休息。

6）作业中注意配合，发现对方有不安全的行动时应立刻提醒。

7）在作业中无论有什么情况，都要按照作业负责人的指示进行作业。不能擅自决定或听其他人的言论行动。

8）使用照明瞭望、声音及对讲机等信号联络时，要考虑传达的准确度。

9）进行作业时，应确认全部安全装置之后再开始作业。应充分利用安全装置。

10）在2m以上的高度作业时原则上应设置作业台，安装作业台有困难时，必须使用安全带。

11）井道高度或者深度超过1.5m的情况下，要使用梯子或马凳。

12）作业时脚底要站稳，保持身体重心稳定，注意不能滑倒。

13）在拿大型工具或较大零部件时，不能利用梯子上、下。

14）在作业中要注意工具、零件等不要掉落。

15）作业时的作业场地光线要明亮，可使用移动灯等照明。

16）进行各种机器修理时，必须切断电源。

17）需要用火时应事先向大楼的管理人员提交用火通知书，作业前应清扫层门及井道等作业区，并且准备好灭火器。用火应在退出现场的2h前结束，必须对结束后的情况进行确认，离开现场前要再次确认有无复燃的危险。

18）作业原则上两人以上为一组，如图10-1-8所示。

19）电弧焊接、挂吊等作业，要由经过专业培训的有相关资格人员进行。另外，气焊作业必须由经过技能培训的人员进行操作。

20）在电弧焊接作业时，要使用自动防止电击的装置。

21）在起吊或移动1000kg以上的重物时，随时都有危险，为了保证安全，要事先整理好作业场地。

22）起吊重量大的物件时要进行计算，起吊使用的钢丝绳的安全系数应为6以上，并

图 10-1-8　电梯维保两人配合作业

且钢丝绳的端头必须经过双重处理。

23）使用链式葫芦、挂吊钢丝绳和角钢材料等要检查是否有异常，计算强度后再使用。

24）大修换件作业结束后，应仔细检查与作业前相比是否有改变的地方。

（2）电梯

1）在同一井道内并列设置电梯时，根据需要应有使相邻电梯停止的措施。

2）用手轮盘车（轿厢）上（下）时，按照作业负责人指示必须关闭配电柜、控制柜的开关。确认第三者安全后再进行作业。电梯手轮盘车如图 10-1-9 所示。

3）绝对不能在井道内的中间梁上站立，或利用支承架登上爬下。

4）不能把工具放在平层开关上，并且手、脚都不能碰平层开关。

5）在底坑作业时，不能由第三者操纵电梯，要使用底坑安全开关。

图 10-1-9　电梯手轮盘车

6）轿厢和底坑内原则上不允许同时作业。

7）在轿顶上作业时，应使用安全带，根据需要采取用钢丝绳将轿厢吊住等防止坠落的措施。

8）绝对不能从电梯轿顶上攀越到相邻的轿顶上去。

9）在轿顶上操纵电梯时，要防止与头顶上的建筑物及井道内的机器、配管和接线盒等冲撞，同时也要平稳地站立在安全位置上，以防轿厢边的各种装置夹着手、脚或刮着工作服等。

10）原则上在电梯运行时不能进行作业。在井道内检查作业以及需要边运行边作业等情况下，必须手扶安全开关或停止开关，确保在任何情况下都能立刻切断电源。

四、任务实施

（一）任务提出

播放电梯维保过程视频，指出不按安全规范操作的动作。

（二）任务目标

1）掌握电梯维保过程的安全要求。

2）熟悉电梯维保操作规程。

（三）实施步骤

1）教师播放电梯维保过程的视频资料。

2）学生对照安全知识的要求，指出视频中的工人操作是否规范，并记录下来。

3）记录电梯维保的流程。

4）学生分组，进行模拟井道的进入。

5）每组一位学生负责记录过程是否符合标准要求。

（四）任务总结

1）整理列举电梯维保过程中常见的不安全现象。

2）整理电梯维保流程。

五、思考与练习

1）简述电梯井道部件维保时的安全注意事项。

2）简述电梯机房部件维保时的安全注意事项。

3）简述电梯底坑部件维保时的安全注意事项。

任务二　电梯维保作业基本方法认知

一、教学目标

终极目标：独自完成电梯电气部件的维保工作。

促成目标：1）掌握电梯维保作业的基本方法。

2）掌握电梯维保的安全操作要求。

二、工作任务

进行电梯维保作业基本方法的训练。

三、相关知识

电梯有时会在非开门区发生"冲顶"或"蹲底"故障，引起困人现象。一旦发现有人被困，则按以下步骤进行操作：

1）通过与轿厢内被困乘客通话、询问现场其他相关人员或与监控中心进行信息沟通等渠道，初步确定轿厢的大致位置。

2）在保证安全的情况下，用电梯专用三角钥匙打开任一层门，初步确认的轿厢所在的楼层。若初步确认轿厢在顶层，则打开顶层的层门。若初步确认轿厢在底层，则打开底层的层门。

打开顶层层门后，若发现电梯轿厢地板在顶层门区地平面以上较大距离，则可确认发生了冲顶故障。同样，打开底层层门后，若发现电梯轿厢地板在底层门区地平面以下较大距离，则可确认发生了蹲底故障。确认故障之后，进行下一步操作：

① 救援人员通过电梯紧急报警装置或其他通信方式与被困乘客保持通话，告知被困乘客将缓慢移动轿厢。

② 对于有机房电梯，可先进入机房观察电梯曳引机上的钢丝绳，如果发现没有紧绷，则可能是轿厢在冲顶后，对重压上缓冲器，然后轿厢向下坠落，引起了安全钳动作。此时，必须先释放安全钳（若是无机房电梯，则可省略此步骤），然后进行以下操作。

③ 仔细阅读电梯松闸盘车作业指导（有机房电梯）或紧急电动运行作业指导（无机房电梯），严格按照相关的作业指导进行救援操作。注意：盘车时，若是冲顶故障，则向轿厢下行方向盘车。若是蹲底故障，则向轿厢上行方向盘车。

④ 根据电梯轿厢移动距离，判断电梯轿厢进入顶层（底层）平层区后，停止盘车作业或紧急电动运行。

⑤ 用电梯专用三角钥匙打开顶层（底层）层门，救出被困乘客。

四、任务实施

（一）任务提出
安全进入电梯三大空间（机房、井道、底坑）。

（二）任务目标
1）熟悉特种设备安全作业通用要求。

2）掌握电梯维保的安全操作要求。

（三）实施步骤

1. 由候梯厅上轿顶的方法

1）确认从哪一层上轿顶。

2）接通控制柜的检修开关。

3）确认检修开关是否接通。

4）在控制柜确认层门是否全部关闭。

5）通过操作控制柜，用检修运行方式将轿厢调至1）确认的层站。

6）用专用三角钥匙打开层门锁，把层门打开，如图10-2-1、图10-2-2所示。

7）判断是否为容易上轿厢的位置。

8）使层门全开，用挡块固定。

9）切断轿顶上的安全开关。

10）确认轿顶上的安全开关是否被切断。

图 10-2-1　三角钥匙

11）接通轿顶上的检修开关。

12）确认轿顶上的安全开关是否接通。

注意：a. 不得把专用三角钥匙当把手使用。

b. 在层门锁打开的状态下，轻轻地把层门打开50mm左右，单手按住层门，拔下专用三角钥匙。

c. 轻轻地把层门打开。

13）使轿顶检修灯亮。

14）关闭门机断路器。

15）撤除挡块，上至轿顶。

16）轻轻地关好层门。

17）寻找安全位置。

2. 从轿顶下来的方法

1）让轿厢停在容易下来的位置，如图10-2-3所示。

2）切断轿顶安全开关。

3）确认轿顶安全开关是否被切断。

4）打开层门锁开层门。

5）从轿顶下来。

6）使层门处于全开状态，用挡块固定住层门。

7）复位门机断路器。

8）切断轿顶检修开关。

9）确认轿顶检修开关是否被切断。

10）确认检修灯是否被关闭。

3. 从候梯厅进入底坑的方法

1）在最下层设置安全栏。

2）确认最下层是否设置了安全栏。

3）乘坐轿厢，使其停在比最下层高一层以上的层站上。

4）断开轿厢内紧急停止开关，关闭轿厢照明。

5）确认轿内急停开关、照明开关是否被断开，并在门口设警示牌。

6）用专用三角钥匙打开最下层的层门锁，打开层门。

7）确认底坑内有无异味。

8）把层门全打开，用挡块固定层门。

9）断开底坑安全开关。

10）确认底坑安全开关是否被断开。

11）打开底坑检修灯，如图10-2-4所示。

12）确认底坑内有无异常。

图 10-2-2　打开层门

图 10-2-3　确定轿厢的位置

13）利用底坑梯子，进入底坑。

注意： 要确保第三者的安全；确保厅前的照明；锁好操作盘的门；做好准备；注意身体保持平衡；层门口设置安全栏；漏水的地方注意触电；身体任何部位不得进入对重正下方区域。

4. 从底坑到候梯厅的方法

1）利用底坑梯子上到候梯厅。

2）确认底坑内是否有异常。

3）关闭底坑检修灯。

4）接通底坑安全开关。

5）确认底坑安全开关是否接通。

6）撤除层门挡块，轻轻关好层门。

7）接通轿厢内急停开关，打开照明开关。

图 10-2-4　底坑检修灯

注意： 确认底坑内有无异常；用破布擦拭鞋底，注意不要弄脏地面；注意保持身体平衡。

（四）任务总结

1）通过练习进入轿顶及底坑的过程，熟悉电梯维保过程的基本操作要求。

2）通过练习进入轿顶及底坑的过程，掌握电梯维保过程标准要求及施工工艺。

五、思考与练习

1）简述电梯维保人员进入轿顶的步骤。

2）简述电梯维保人员进入底坑的步骤。

3）简述电梯冲顶的解决方法。

任务三　电梯维保操作

一、教学目标

终极目标：独自完成电梯电气部件的维保工作。

促成目标：1）熟悉电梯保养的周期要求。

2）掌握电梯维修的步骤及要求。

二、工作任务

1）进行电梯日常保养。

2）按标准要求维修电梯电气部件。

三、相关知识

1. 电梯保养准备及内容

具体内容见 GB/T 18775—2009《电梯、自动扶梯和自动人行道维修规范》。

2. 电梯的紧急召修

拨打维修热线或联系地区维保责任人后，请提供以下信息：

1）大楼名称、地址、电话及来电人姓名。

2）出现故障电梯梯号、现象及楼层。

3）电梯是否关人。

电梯维保单位接线员 3min 内通知维保责任人，并将召修信息记录在召修记录上。维保人员接到信息后，记录指令的时间，30min 内赶赴故障现场，并记录到达现场的时间。到达现场后，向用户索取机房钥匙，了解故障情况。如故障电梯内有人，首先把乘客安全放出，并在电梯基站设置电梯维修示意牌。

首先解决故障问题后，再进行正常故障排除程序。作业后及时清理现场卫生，锁好机房门，取下维修示意牌，填写故障召修报告，向用户交回机房钥匙，并请用户在召修报告上签字，请用户确认故障已排除，维保人员通知热线故障已排除，并记录排除故障的时间。把召修报告交送区域项目监理，项目监理分析、整理后存档。如排除故障时有部件更换，必须按部件更换程序办理，若人力不足，应及时通知区域安装经理给予支援。

3. 电梯发生事故处理规程

1）电梯如果发生重大故障和其他严重影响电梯正常运行的情况，如蹲底、冲顶或夹人等：维保人员接到紧急事故电话后，在及时前往现场的同时向主管领导说明情况，在到达现场后根据具体情况，在确保人身安全的同时，快速把被关在轿厢内的乘客救出，及时排除故障，同时须在 2h 内通知主管领导，并在 4h 内以书面形式报告公司总部，并填写《电梯事故（故障）报告及处理记录》。

2）发生重大的设备事故：维保人员接到通知或指示后，在前往事故现场的同时向用户设备管理负责人交代电梯安全操作规程要求，让其迅速切断总电源，保证人身安全，防止事故扩大。维保人员到达现场后依照电梯安全操作规程要求，快速解救被困在轿厢内的乘客，并及时向主管领导报告，同时保护好现场。

3）发生火灾事故：维保人员接到通知后，在前往发生火灾现场的同时向用户设备管理负责人交代，对于有消防功能的电梯，应及时切断总电源。维保人员到达现场后，及时将人员救出，并进行灭火扑救，防止火势蔓延，并及时向主管领导汇报。

4）发生人身事故、触电事故：维保人员在接到通知后，应以最快速度前往事故现场，同时向用户设备管理负责人说明，对受伤人员进行人工呼吸，迅速将重伤员送往医院。维保人员到达现场后切断电源，保护好现场，并向主管领导汇报情况，记录事故发生的时间、到达现场时间等。

4. 电梯改装

在电梯交付使用后，由于用户方的某些需求，会改变一些参数。此时，需要对电梯进行改装。

（1）额定速度的改变　一般改变额定速度均是指提高运行速度。究其原因，多数是由于建筑物使用条件的改变致使客流量增大。在原建筑面积无法安排新增电梯的位置的情况下，提高额定速度是可取的。提高额定速度首先要考虑建筑条件。按国家标准 GB/T 7025.1—2008《电梯主参数及轿厢、井道、机房的型式与尺寸　第 1 部分：Ⅰ、Ⅱ、Ⅲ、Ⅵ类电梯》中对额定速度优先系数的要求，对欲改装电梯的井道的底坑深度、顶层高度进行核对，查看是否符合标准中的规定。如这两项尺寸达不到要求，就要改造井道，此时必须向有关建筑部门咨询和申请。为提高电梯额定运行速度，需更换电梯的主要设备有以下几种：

1）曳引机：包括减速器、曳引电动机、制动器、曳引轮和速度测量装置，并相应地将机房承重梁重新安装布置。

2）限速器：包括坑内的保险绳的张紧装置。

3）安全钳：需相应地改变安全钳在轿厢架的安装。

4）控制柜：包括拖动系统和控制系统两部分及其布线。

5）缓冲器：包括对重和轿厢两种缓冲器。

6）端站速度监控装置。

（2）额定载重量的改变　额定载重量的改变是为了增加载重电梯运载能力，适应被运载货物的需要。乘客电梯的载重量是由乘客所占面积来决定的。因此，为防止由于人员增加引起轿厢超载，应限制轿厢的有效面积。不同额定载重量乘客电梯的轿厢对载重量已有限制，是不允许改变的。因此，增加额定载重量的改装要具体分析。增加额定载重量的改变值应按 GB/T 7025.1—2008《电梯主参数及轿厢、井道、机房的型式与尺寸　第 1 部分：Ⅰ、Ⅱ、Ⅲ、Ⅵ类电梯》中规定的额定载重量优先系数要求，经专业人员仔细核算曳引机、曳引电动机、承重梁、导轨、轿厢、轿厢架悬挂装置、安全钳、缓冲器和对重等允许负载裕度后，再决定所能增加的载重量。如超出裕度允许的范围，则将要改变前述设备。

（3）轿厢质量的改变　轿厢质量在改装后减轻或加重均直接影响电梯运行性能与安全。如单纯地为节约材料而减轻轿厢质量，将会影响电梯的曳引能力，致使曳引绳在曳引轮绳槽内打滑。此时，必须重新核算曳引能力。如在改装后轿厢质量增加很多，则需要更换安全钳。同时应考虑安全钳制动时，制动力的增大对导轨及井道固定的连接件和井道墙的影响。由于轿厢质量加大，也会致使制动加速度增加而对乘坐舒适感有影响。此外，还应考虑因为轿厢质量加大，底坑缓冲器是否需要相应更换，缓冲力增加对底坑是否有影响。由于轿厢质量增加，对重量亦须相应增加，曳引机悬挂装置也会直接受到影响。因此，轿厢质量的改变不是件简单的事，必须经电梯专业人员仔细分析计算。

四、任务实施

（一）任务提出
跟随观看维保人员进行电梯维保。

（二）任务目标
1）了解电梯部件维保周期及内容。

2）了解电梯维保具体步骤及安全要求。

3）了解维保人员所必备的技能及素质要求。

（三）实施步骤
1）由教师提前与电梯维保公司负责人联系，确定学习时间。

2）由公司技术部负责人介绍电梯维保的内容。

3）由公司工程部负责人介绍技术人员所必备的技能和素质要求。

4）将学生分组，跟随公司维保技术员，前往不同地点进行跟踪学习。

5）每位学生均需填写表 10-3-1。

（四）任务总结
1）通过跟踪学习，熟悉电梯维保流程及内容。

2）通过跟踪学习，掌握电梯维保标准要求及施工工艺。

表 10-3-1 电梯保养周期

保养（维修）日期： 年 月 日 : - - : 　　　　　保养□ 维修□ 作业人员：

位置	序号	项目	周期	记	位置	序号	项目	周期	记
机房	1	机房、滑轮间环境	半月		轿厢与对重	34	轿顶	半月	
	2	手动紧急操作装置	半月			35	轿顶检修开关、急停开关	半月	
	3	曳引机	半月			36	导靴上油杯	半月	
	4	制动器各销轴部位	半月			37	对重及其压板	半月	
	5	制动器间隙	半月			38	轿厢照明、风扇、应急照明	半月	
	6	编码器	半月			39	轿厢检修开关、急停开关	半月	
	7	限速器各销轴部位	半月			40	轿内报警装置、对讲系统	半月	
	8	减速机润滑油	季度			41	轿内显示、指令按钮	半月	
	9	制动衬	季度			42	轿门安全装置	半月	
	10	位置脉冲发生器	季度			43	轿门门锁电器触点	半月	
	11	选层器动静触点	季度			44	轿门运行	半月	
	12	曳引轮槽、曳引钢丝绳	季度			45	轿厢平层精度	半月	
	13	限速器轮槽、限速器钢丝绳	季度			46	靴衬、滚轮	季度	
	14	电动机与减速机联轴器螺栓	半年			47	验证轿门关闭的电气安全装置	季度	
	15	曳引轮、导向轮轴承部	半年			48	轿门系统传动装置	季度	
	16	制动器上检测开关	半年			49	轿顶、对重各反绳轮轴承部	半年	
	17	控制柜内各接线端子	半年			50	轿门门扇	半年	
	18	控制柜各仪表	半年			51	轿顶、轿厢架、轿门及其附件	年度	
	19	控制柜接触器、继电器触点	年度			52	轿厢称重装置	年度	
	20	制动器铁心（柱塞）	年度			53	安全钳钳座	年度	
	21	制动器制动弹簧压缩量	年度			54	轿底各安装螺栓	年度	
	22	导电回路绝缘性能测试	年度		井道	55	井道照明	半月	
	23	上行超速保护装置动作试验	年度			56	上下换速、限位、极限开关	半年	
层门与入口	24	层站召唤、楼层显示	半月			57	轿厢和对重的导轨支架	年度	
	25	层门地坎清洁	半月			58	轿厢和对重的导轨	年度	
	26	层门自动关门装置	半月			59	随行电缆	年度	
	27	层门门锁自动复位	半月		底坑	60	底坑环境	半月	
	28	层门门锁电器触点	半月			61	底坑各开关	半月	
	29	层门锁紧元件啮合长度	半月			62	缓冲器	季度	
	30	层门门导靴，层门传动装置	季度			63	限速器涨紧轮和电气安全装置	季度	
	31	消防开关	季度			64	对重缓冲距	半年	
	32	层门门扇	半年		钢丝绳及链	65	曳引绳、补偿绳	半年	
	33	层门装置和地坎	年度			66	曳引绳绳头组合	半年	
						67	限速器钢丝绳	半年	
						68	补偿链与轿厢、对重接合	半年	

工作标记 √ 确认维护 ○ 调整 + 需维修（在维保记述进行情况说明）/ 在定期保养项目中非本次检查 空白 该梯无此项

维保记述：

用户意见记评价：

维保单位签章： 　　　　　　　　　用户确认：

五、思考与练习

1）简述电梯主要部件的维保周期。

2）简述电梯发生事故的处理步骤。

3）简述电梯改造的种类及方法。

项目十一 电梯电气部件常见故障的处理

电梯主要由机械系统、拖动系统和电气系统组成。拖动系统也可以属于电气系统，因而电梯的故障可以分为机械故障和电气故障。遇到故障时首先应确定故障属于哪个系统，是机械系统还是电气系统，然后再确定故障是属于哪个系统的哪一部分，接着再判断故障出自于哪个元件或哪个动作部件的触点上。

判断故障出自哪个系统，普遍采用的方法是：置电梯于"检修"工作状态，在轿厢平层位置（在机房、轿顶或轿厢操作）点动控制电梯慢上或慢下来确定。为确保安全，要确认所有层门必须全部关好并在检修运行中不得再打开。电梯在检修状态下上行或下行时，电气控制电路是最简单的点动电路，按钮按下多长时间，电梯运行多长时间，不按按钮电梯不会动作，需要运行多少距离可随意控制，速度较慢，轿厢运行速度小于 0.63m/s，所以较安全，便于检修人员操作和查找故障所属部位。这是专为检修人员设置的电梯功能。点动回路没有其他中间控制环节，它直接控制电梯拖动系统，电梯在检修运行过程中检修人员可细微观察有无异常声音、异常气味，某些指示信号是否正常等。只要电梯点动运行正常，就可以确认：主要机械系统没问题，电气系统中的主拖动回路没有问题，故障就出自电气系统的控制电路中。反之，若不能点动控制电梯运行，故障就出自电梯的机械系统或主拖动回路。电梯典型故障为不平层关人，如图11-0-1所示。

图 11-0-1 电梯典型故障

任务一 电梯维修基础知识认知

一、教学目标

终极目标：熟练掌握电梯电气部件的维修知识。
促成目标：1）熟悉电梯电气部件维修的基础知识。
2）掌握电梯安全维修的基本要求。

二、工作任务

1）熟悉电梯维修所需的理论技能知识。

2）掌握电梯电气部件故障的原因及常用的排故方法。

三、相关知识

1. 电梯维修基础知识

电梯修理是指电梯技工对电梯进行更换、修理、调整部件、调试或排除故障的工作，通常分为：

（1）急修　当接到电梯突然故障电话或信息时，电梯技工及时赶到现场释放轿厢里乘客和排除故障，并使电梯恢复运行。

（2）小修　一般是指更换小部件或调整修理的工作，其工作量较小。

（3）大修　一般是指更换、改装、调试或修理电梯主要部件的工作，其停机时间较长。

按目前住宅电梯管理规定，根据其昼夜 24h 运行及平均每小时高达上百次起、制动测算，从电梯安装完毕投入运行到应执行全面的修理调整，这一过程大约为 5～6 年的时间（设备较好的适当延长），故障率的情况也大致遵循浴盆特性曲线而变化，可分为 3 个阶段：

1）初期故障期。在电梯安装完毕投入使用后，往往由于安装过程中遗留的问题或是在制造方面的一些缺陷而发生故障，通过运行磨合、修理调整，遗留问题及缺陷逐步得到解决，故障逐渐减少，运行趋于正常。这个阶段定为保修期，时间为 1 年。

2）故障偶发期（稳定期）。这一阶段为电梯的有效使用期，故障率稳定在低水平，多数故障是由于维护不当或电气及机械零部件的材质问题而偶然发生，在这期间执行项目修理称为专项修理。经过 3 年稳定运行，各机械部分的一些主要部件产生磨损、超差，油污造成润滑油路堵塞，油封磨损密闭不严，导致产生漏油以及部分电气部件性能下降。为使电梯保持在最佳运行状态，应对电梯进行全面的清洗、换油、调整，视情况更换部分部件。这种修理定为中修，其标准参照大修有关项目。

3）故障急剧上升期。电梯投入运行 5～6 年后，一般表现为主机磨损严重（主要指电动机和曳引机和减速箱的滑动轴承磨损过大）、漏油、同心度超差、噪声增大，电气部件性能全面下降等，电梯故障频繁。这期间的修理应对设备进行部分拆卸、清洗、调整，更换磨损严重的部件及所有易损的滑动及滚动件，更换全部接触器、继电器及各种开关等（包括性能不好的电路板），使设备恢复到原设计性能，并对电梯的外表油饰翻新。这种修理定为大修。

2. 电梯维修安全要点

1）多人配合维修电梯时，要做到思想集中，相互之间有呼有应，做好配合工作。

2）如果要用三角钥匙打开层门，一定要看清楚轿厢的位置，不要想当然地认为电梯一定就在什么位置。

3）打开层门进入轿顶时，不能立即关门，首先要把检修开关置于检修档，再按下急停开关，打开轿顶灯，在轿顶站稳后方能关上层门。

4）出轿顶时，首先要打开层门，再将轿顶检修开关、急停开关和照明开关等一一复位，到达厅外后再关上层门。如果人站立在厅外能操作以上开关，应站到厅外后再复位以上开关。

5）轿厢运行时，不要把身体探到栏杆之外。不要在骑跨处作业。

6）在轿顶时，万一遇到电梯失控运行，千万保持镇定，应抓牢可扶之物，蹲稳在安全之处，不能企图开门跳出。

7）在底坑工作时，应该切断底坑检修箱的安全开关。爬出底坑时，一定要保证层门在打开状态下，方能接通底坑的安全回路，然后迅速爬出底坑。如果在厅外能操作安全开关，应在人爬出底坑后再接通安全开关，然后再关门。

8）必须要短接门锁、检查电梯门锁故障时，务必保证电梯处于检修状态。检查完毕后，务必断开门锁短接线后才能让电梯复位到正常状态。

9）检修有应急装置的电梯，在使用应急开关时，务必保证层门处于关闭状态，防止他人跌入井道。进入底坑工作时，如果靠近底坑的端站层门开着，必须在层门外挂警戒标志或专人看护，切实做好防止他人跌入底坑的措施。

10）当需要切断电源检修电梯时，应挂上"有人操作，禁止合闸"的警示牌。在进行带电操作或使用电动工具时，要切实做好防止触电的安全事项。

3. 电梯常见故障的形成原因

（1）机械系统故障及形成原因

1）连接件松脱引起的故障。电梯在长期不间断运行过程中，由于振动等原因而造成连接件松动或松脱，使机械发生位移、脱落或失去原有精度，从而造成磨损，碰坏电梯机件而引起故障。

2）自然磨损引起的故障。机械部件在运转过程中，必然会产生磨损，磨损到一定程度必须更换新的部件，所以电梯必须在运行一定时间后进行大修，提前更换一些易损件，不能等出了故障再更新，那样就会造成事故或不必要的经济损失。只有日常维修中及时地调整、保养，电梯才能正常运行。如果不能及时发现滑动、滚动运转部件的磨损情况并加以调整，就会加速机械的磨损，从而造成机械磨损报废，造成事故或故障。如钢丝绳磨损到一定程度，必须及时更换，否则会造成大的事故。各种运转轴承等都是易磨损件，必须定期更换。

3）润滑系统引起的故障。润滑的作用是减少摩擦力，减少磨损，延长机械寿命。润滑还起到冷却、防锈、减振和缓冲等作用。若润滑油太少、质量差、品种不对号或润滑不当，则会造成机械部分的过热、烧伤、抱轴或损坏。

4）机械疲劳造成的故障。某些机械部件长时间受到弯曲、剪切等应力，会产生机械疲劳现象，机械强度减小。某些零部件受力超过强度极限，会产生断裂，造成机械事故或故障。如钢丝绳长时间受到拉应力与弯曲应力，又有磨损产生，严重时受力不均，某股绳可能受力过大首先断绳，增加了其余股绳的受力，造成连锁反应，最后全部断绳，可能发生重大事故。

从上面分析可知，只要日常做好维护保养工作，定期润滑有关部件，检查有关紧固件情况，调整机件的工作间隙，就可以大大减少机械系统的故障。

（2）电气系统的故障及形成原因

1）自动开关门机构及门联锁电路的故障。关好所有厅、轿门是电梯运行的首要条件，自动开关门机构及门联锁电路一旦出现故障电梯就不能运行。这类故障多是由包括门联锁在内的各种电气元件触点接触不良或调整不当造成的。

2）电气元件绝缘引起的故障。电气元件绝缘在长期运行后会由于老化、失效、受潮或者其他原因而击穿，造成电气系统的断路或短路从而引起电梯故障。

3）继电器、接触器和开关等元件触点短路或断路引起的故障。由继电器、接触器构成的控制电路中，其故障多发生在继电器的触点上，如果触点通过大电流或被电弧烧蚀，触点被粘连就会造成短路；如果触点被尘埃阻断或触点的簧片失去弹性就会造成断路。触点的短路或断路都会使电梯的控制环节失效，使电梯出现故障。

4）电磁干扰引起的故障。随着计算机技术的迅猛发展，特别是成本大大降低的微型计算机广泛应用到电梯的控制部分，甚至采用多微机控制以及串行通信传输呼梯信号等，驱动部分采用变频变压（VVVF）调速系统已经成为电梯流行的标准设计，另外，近几年来变频门机也成为时尚，取代原来用电阻调速的直流门机。微机的广泛应用对其构成的电梯控制系统的可靠性（主要是抗干扰的可靠性）要求越来越高。电梯运行中会遇到各种干扰，主要外部因素有：温度、湿度、灰尘、振动、冲击，电源电压、电流和频率的波动，逆变器自身产生的高频干扰，操作人员的失误及负载的变化等。在这些干扰的作用下，电梯会产生错误和故障，电梯电磁干扰主要有以下三种形式：

a. 电源噪声。它主要是从电源和电源进线（包括地线）侵入系统，特别是当系统与其他经常变动的大负载共用电源时会产生电源噪声干扰。当电源引线较长时，传输过程中会产生电压降，另外感应电动势也会产生噪声干扰，影响系统的正常工作，电源噪声会造成微机丢失一部分或大部分信息，产生错误或误动作。

b. 从输入线侵入的噪声。当输入线与自身系统或其他系统存在着公共地线时，就会侵入此噪声，有时即使采用隔离措施，仍然会受到与输入线相耦合的电磁感应的影响，输入信号很微小时，极易使系统产生差错和误动作。

c. 静电噪声。它是由摩擦所引起的，摩擦产生的静电很微小但是电压可高达数万伏。IEEE可靠性物理讨论会提供的材料表明，在毛毯上行走的人带电最高可达 39kV，在工作台旁工作的人带电也可达 3kV，因此具有高电位的人接触计算机板时，人体上的电荷向系统放电，急剧的放电电流造成噪声，影响系统工作，甚至会造成电子元器件的损坏。

针对以上的状况必须采用防干扰措施，防干扰措施自身也应该正确可靠，否则会引起电梯的故障。

5）电气电子元器件损坏或位置调整不当引起的故障。电梯的电气系统，特别是控制电路，结构复杂，一旦发生事故，要迅速排除故障，单凭经验是不够的，还要求维修人员必须掌握电气控制电路的工作原理及控制环节的工作过程，明确各电子元器件之间的相互关系及其作用，了解各电子元器件的安装位置，只有这样，才能准确地判断故障的发生点，并迅速予以排除。在这个基础上，若把别人和自己的实际工作经验加以总结和应用，对迅速排除故障、减少损失是有益的。

四、任务实施

（一）任务提出
播放电梯常见故障视频，分析引起故障的原因。

（二）任务目标
1）了解电梯常见故障。

2）熟悉引起各类故障的原因。

（三）实施步骤
1）由教师播放不同类型的电梯常见故障视频（4 个以上）。

2）学生对照相关知识，查找引起该故障的可能原因。

3）学生分组，3~4人一组，讨论各自的结论并展示。

4）教师总结。

（四）任务总结

1）通过观看电梯常见故障视频，熟悉电梯常见故障类型。

2）通过讨论，掌握引起各类故障的原因。

五、思考与练习

1）简述电梯维修的分类及定义。

2）简述电梯电气故障的形成原因。

3）简述电梯电气故障的检测方法。

任务二　电梯电气部件常见故障的维修

一、教学目标

终极目标：独自完成电梯电气部件的维修工作。

促成目标：1）熟悉电梯电气部件的常见故障。

2）掌握电梯电气部件常见故障维修的处理方法。

二、工作任务

排除电梯电气部件的常见故障。

三、相关知识

当电梯电气控制电路发生故障时，首先要问、看、听、闻，做到心中有数。所谓"问"，就是询问操作者或报告故障的人员故障发生时的现象情况，查询在故障发生前有否做过任何调整或更换元件；所谓"看"，就是观察每一个零件是否正常工作，看电气控制电路的各种信号指示是否正确，看电气元件外观颜色是否改变等；所谓"听"，就是听电路工作时是否有异声；所谓"闻"，就是闻电路元件是否有异常气味。在完成上述工作后，便可采用下列方法查找电气控制电路的故障。

1. 程序检查法

电梯是按一定程序运行的，每次运行都要经过选层、定向、关门、起动、运行、换速、平层和开门的循环过程，其中每一步称作一个工作环节，实现每一个工作环节，都有一个独立的控制电路。程序检查法就是确认故障具体出现在哪个工作环节上，这样排除故障的方向就明确了，有了针对性对排除故障很重要。这种方法不仅适用于有触点的电气控制系统，也适用于无触点控制系统，如PC控制系统或单片机控制系统。

2. 静态电阻测量法

静态电阻测量法就是在断电情况下，用万用表电阻档测量电路的阻值是否正常。电子由PN结构成的电子器件，其正反向电阻值是不同的；任何一个电气元件也都有一定阻值；连接着电气元件的线路或开关，电阻值不是等于零就是无穷大。因而测量它们的电阻值大小是否符合规定要求就可以判断好坏。检查一个电子电路有无故障也可用这个方法，而且比较安全。

3. 电位测量法

上述方法无法确定故障部位时，可在通电情况下测量各元器件的两端电位，正常工作时，电流闭环电路上各点电位是一定的，电流从高电位流向低电位。顺电流方向用万用表去测量控制电路上有关点的电位是否为规定值，就可判断故障所在点，然后再判断是什么原因引起电位不符合要求的，是电源不正确、电路有断路还是有元件损坏。

4. 短路法

电梯的控制电路是由开关、继电器和接触器组合而成的。当怀疑某个或某些触点有故障时，可以用导线把该触点短接，此时通电，若故障消失，则证明判断正确，说明该电气元件已坏。但是要牢记，若发现故障点，做完试验后应立即拆除短接线，不允许用短接线代替开关或开关触点。短路法主要用于查找控制电路的断点。下面介绍短路法查找门锁电路故障的方法。

两个人在轿顶，控制电梯检修点动状态运行，用检修速度运行到某一楼层，打开自动门锁防护盘，短接线一端接门锁开关的一端，另一端触碰门锁开关的另一端（即把门锁开关短路，若此时相应继电器吸合），则说明该门锁触点断开了。松开短接线，修复触点或更换门锁开关。但是采用短路法，只能查找"与"逻辑关系触点的断点，而不能查找继电器线圈是否短接，否则会烧坏电源。

5. 断路法

控制电路还可能出现一些特殊故障，如电梯在没有轿内或外召指令时就停层等。这说明电路中某些触点被短接了，查找这类故障的最好办法是断路法，就是把怀疑产生故障的触点断开，如果故障消失了，说明判断正确。断路法主要用于"与"逻辑关系的故障点。

6. 替代法

根据上述方法，发现故障出于某点或某块电路板，此时可把认为有问题的元器件或电路板取下，用新的或确认无故障的元器件或电路板代替，如果故障消失则认为判断正确。反之则需要继续查找，维修人员往往对易损的元器件或重要的电路板备有备用件，一旦有故障马上换上一块就解决了问题，故障件带回来再慢慢查找修复，这也是一种快速排除故障的方法。

7. 经验排除故障法

为了能够迅速排除故障，除了不断总结自己的实践经验，还要不断学习别人的实践经验。经验是对电梯故障规律的总结，有的经验是用血汗换来的重要教训，我们也更应重视。这些经验往往可以使我们快速排除故障，减少事故和损失。当然严格来说应该杜绝电梯事故，这是维修人员应有的职责。

8. 电气系统排除故障基本思路

有时电气系统故障比较复杂，加之现在电梯大多采用微机控制，软硬件交叉在一起，遇到故障不要紧张，排除故障时坚持：先易后难、先外后内、综合考虑、有所联想。

电梯运行中比较多的故障是开关触点接触不良引起的故障，所以判断故障时应根据故障及柜内指示灯显示情况，先对外部线路、电源部分进行检查，即门触点、安全回路和交直流电源等，只要熟悉电路，顺藤摸瓜很快即可解决故障。

现在电梯大多采用微机控制，电气故障不像继电器线路那么简单直观，许多保护环节都隐含在其软硬件系统中。但是，电梯生产厂家都会提供一份故障表，其故障和原因是严格对应的，找故障时可有序地对它们之间的关系进行联想和猜测，逐一排除疑点直至排除故障。

9. 测试接触不良的方法

1）在控制柜电源进线板上，通常接有电压表，观察运行中的电压，若某项电压偏低且波动较大，该项可能就有虚接部位。

2）用点温计测试每个连接处的温度，找出发热部位，打磨接触面，拧紧螺钉。

3）用低电压、大电流测试连接处，将总电源断开，再将进入控制柜的电源断开，用 $10mm^2$ 铜芯电线临时搭接在接触面的两端，调压器慢慢升压，短路电流达到 50A 时，记录输入电压值。按上述方法对每一个连接处都测一次，记录每个触点电压值，哪一处电压高，该处就是接触不良。

4）随行电缆内部折断虚接测试法：当怀疑随行电缆中某根电线中间有折断现象时，将短路电流调至 8A，调压器定位不动，连续折合随行电缆 15 次，每次接通时间 2~3min。如果发现电流表不启动，说明此电缆中间存在折断，若电流表启动，证明此电缆没有折断。

四、任务实施

（一）任务提出
利用模拟电梯，学会排除 19 个不同类型的故障。

（二）任务目标
1）熟悉电梯电气部件的常见故障。

2）掌握电梯电气部件故障维修的处理方法及步骤。

（三）实施步骤

1. 故障现象：电梯突然停止，关人

（1）故障分析

1）轿门门刀触碰层门门锁滑轮。

2）超载开关位置偏移误动作。

3）安全钳锼口间隙太小与导轨接触擦碰，安全钳误动作。

4）限速器钢丝绳拉伸，使底坑开关动作。

5）限速器绳内有故障，在没有超速运行的情况下误动作。

6）突然停电跳闸。

7）曳引机闷车，热继电器跳闸。

（2）排故方法

1）放人。

① 停电关人：电梯维保人员到达现场，首先要安抚乘客不要惊慌，并立即前往机房切断电梯电源，用松闸手柄打开制动器，进行手动盘车。使轿厢停到最近楼层，将门打开营救乘客。

② 电源正常情况下，电梯停止、关人：电梯维保人员到达现场，首先确认轿厢停留在哪两层之间，然后打开相应的层门，进入轿顶。在轿顶上操作检修开关，将转换开关拨到"检修"位置，使电梯处于检修状态，操作检修按钮，开慢车至层站，放出乘客。

2）根据上述各种故障的类型予以勘察与排故。

① 若因外来电源断电或电网电压波动较大而引起跳闸：等待外来电源恢复供电或电网电压恢复正常。

② 若电源正常：维保人员进入轿顶，将检修开关拨向"检修"位置。慢车向上/下运行检查。

a. 如果不能向上运行，应检查上限位开关是否损坏和断路，检查通电后制动器抱闸是否打开，检查制动器线圈是否得电。如果通电后制动器抱闸未打开，则检查制动装置的调节螺钉是否松动、闸瓦的间隙是否太小或碰铁距离是否太小，如存在上述的现象，应予以调节和修复。

b. 如果不能向下运行，应检查下限位开关是否损坏和断路，检查安全钳是否误动作，使轿厢卡住不能向下运行，调整和修复锲块与导轨的间隙。

c. 如果上、下方向均不能运行，应检查各安全开关是否误动作，造成安全回路接触器不吸合，电梯不能运行，同时恢复各安全开关。

d. 在轿顶开慢车检查在原故障区域的门刀与门锁滑轮的位置与间隙，调整其间隙（标准为前6mm，后12mm）。

e. 如果称重装置出现超载信号，应调整超载开关位置，并予以紧固。

2. 故障现象：电梯轿厢蹲底和冲顶

（1）故障分析

1）电梯对重装置配重的重量等于轿厢的自重加上额定载重的一半，若两者平衡系数未达到标准，则可能产生蹲底或冲顶现象。

2）钢丝绳与曳引轮绳槽严重磨损或钢丝绳外表油脂过多。

3）制动器闸瓦间隙太大或制动器弹簧的压力太小。

4）上/下平层的磁开关位置有偏差或上/下极限开关位置装配有误。

（2）排故方法

1）使电梯向上、下运行，目测轿厢是否有溜车现象，如有此现象，应调整抱闸弹簧，使其制动力加大。

2）检查和调整上/下平层的光敏开关和极限开关位置。若运行时间较长的电梯出现此类故障，应检查钢丝绳与绳槽之间是否有油污及钢丝绳与绳槽之间的磨损状况，如果磨损严重，则更换绳槽和钢丝绳；如果未磨损，则清洗钢丝绳与绳槽，检查制动器工作状况。应调整闸瓦的间隙在0.7mm且要保证闸瓦四周间隙均匀，接触啮合面在75%以上。调整弹簧压力以及碰铁工作位置。

3. 故障现象：曳引机轴承端渗油

（1）故障分析

1）油封老化磨损，因为橡胶长期浸在油中且高速运转，致使不断地磨损，造成渗油。

2）油的黏度稀释可能造成渗油。

3）加油量太多（超过规定的油面线）。

4）油封材质不好，即橡胶弹性较差和耐油性能差，造成渗油。

5）封油圈与轴径贴合性较差，造成渗油。

（2）排故方法

1）若有少量的渗油，应留意，观看油窗的油面线的位置（以油标线为标准），了解油箱内的油量多少，油少时应加油。仔细观察渗油的质量状况及其黏度状况，如果油的黏度十分稀释，应更换齿轮油。

2）渗油量较大且观察到油窗的油量较少时，应及时更换油封（在维修曳引机更换油封时应将轿厢放置在顶层），并用手动导链将轿厢吊起，对重在底坑用强度适当的支撑物支起。

4. 故障现象：制动装置发热

（1）故障分析

1）如果电磁吸铁工作行程太小，将使制动器得电吸合后，抱闸张开间隙过小，使电动机处于半制动状态，即闸瓦片与制动轮处于半摩擦状态而生热，这将使电动机超负荷运转，引起电流增大，造成热继电器跳闸。

2）如果电磁吸铁工作行程太大，制动器得电吸合时，虽然能使闸瓦片与制动轮有较大的间隙，但也会产生很大的电流，造成磁体生热。

（2）排故方法

1）调节制动器弹簧的张紧度。

2）调节电磁吸铁的工作行程使其约为2mm，确保制动器灵活可靠，抱闸时闸瓦片应紧密地贴合于制动轮的工作表面上，松闸时闸瓦片应同时离开制动轮工作表面，不得有局部摩擦，此时二者的间隙不得大于0.7mm。当环境温度为40℃时，在额定电压下及通电率为40%时温升不得超过80℃。

3）调整磁杆，使其自由滑动无卡住现象。磨损的闸瓦片应成对更换。

5. 故障现象：轿厢运行中晃动

（1）故障分析

1）轿厢的固定导靴与主导轨之间因磨损严重而产生较大问题（纵向与横向的间隙），造成水平方向晃动（前后、左右晃动）。

2）滑动导靴或滚动导靴与导轨之间的滑动摩擦致使衬靴和橡胶导靴严重磨损而产生较大问题，造成轿厢垂直方向晃动（轿厢前后倾斜）。

3）导轨在垂直平面的直线度与水平平面的平面度超差（导轨扭曲度），两导轨的平行度超差，两导轨的导轨距尺寸有偏差。

4）钢丝绳张紧力不均，未达到小于5%的标准。

（2）排故方法

1）检查固定导靴、滑动导靴和滚动导靴的衬垫和胶轮有否磨损，如果滑动导轨靴衬磨损量达到1mm以上，应及时更换，同时检查压导板有否松动，调整各导轨的直线度、平行度。

2）调整曳引绳张力，使偏差值小于5%。

6. 故障现象：轿厢称重装置失灵

（1）故障分析

1）因称重装置机械装置定位偏移或超载开关位置偏移，致使超载开关误动作。

2）轿厢的活动轿底减振橡胶的固定螺钉松动，乘客在轿厢内分布不均匀，致使超载开关误动作。

（2）排故方法

1）校正称重装置机械装配位置，并紧固调整超载开关位置。

2）紧固减振橡胶固定螺钉校正其位置。

7. 故障现象：电梯层门、轿门闭合时有撞击声

（1）故障分析

1）轿门扇与轿厢装饰门框间隙太小，致使二者相互摩擦（标准间隙 5mm±1mm）。

2）轿门安全触板调整不到位，致使两触板相碰产生撞击声。

3）轿门门豆（防撞胶粒）或层门门豆缺损，两门板产生撞击声。

（2）排故方法

1）重新调整轿门扇与轿厢装饰门框之间间隙，使间隙值到达安装标准（5mm±1mm）。

2）重新调整两安全触板伸缩量，使伸缩量到达安装标准。

3）重新更换轿门门豆（防撞胶粒）或层门门豆。

8. 故障现象：电梯轿厢运行中，在某层开门区域突然停止

（1）故障分析

1）层门门锁故障引起门联锁开关断开，失电后电梯停车。其原因在于层门门锁上的两个橡胶轮位置偏移，轿厢在运行中门刀撞碰橡胶轮，造成门联锁开关断电，使门联锁继电器释放，电梯被迫提前停车。

2）层门门锁啮合间隙过大，层门外有人扒门致使门联锁开关断开，从而造成电梯突然停车。

（2）排故方法

1）校正、调整层门门锁位置，检查轿门门刀固定是否可靠，并确认调整轿门门刀与层门门轮的配合间隙（标准前 6m，后 14m）。

2）校正、调整各层层门门锁的锁钩与锁座的啮合间隙，使其达到 2mm±1mm，这时若人为扒门，则门联锁开关应始终保持闭合状态。

9. 故障现象：电梯层门、轿门开启与关闭滑行异常

（1）故障分析

1）上门道导轨与门地坎导轨不在同一个垂直平面上，使门板倾斜，门滑块与地坎侧面摩擦严重。

2）门滑轮轴承磨损或上下门道导轨有杂物或污垢。

3）上门道下沉，致使层门、轿门下移，触碰地坎。

4）层门或轿门的门滑块磨损严重或短缺。

（2）排故方法

1）调整上门道导轨与门地坎导轨垂直度，标准为 1/1000。

2）清理上下门道导轨杂物和油污，润滑门滑轮轴承。

3）调整上门道高度，使层门、轿门下部与地坎表面达到 5mm±1mm 间隙。

4）更换层门或轿门的门脚。

10. 故障现象：电梯轿厢运行中有碰击声

（1）故障分析

1）平衡链未消除应力，产生扭曲，与底坑缓冲器固定杆碰撞产生声响。

2）随行电缆未消除应力，产生扭曲，擦碰轿壁。

3）导靴靴衬磨损严重，致使导轨与导轨间隙过大，引起门刀轻微擦碰层门护栏。

（2）排故方法

1）校正调整导向杆位置，在底坑把平衡链固定在对重侧的一端并打开，轿厢慢车开到顶层使平衡链内应力消除。

2）把轿底随行电缆固定侧剪开，使随行电缆应力消除，然后再重新进行固定。

3）及时更换轿厢导靴靴衬。

11. 故障现象：电梯轿厢运行中有异常的振动声

（1）故障分析

1）承重梁平面度不足而引起整机主机振动或未采取减振措施。

2）电动机输出轴或蜗杆轴的轴承已坏或轴承滚道变形，曳引轮的轴承已坏，曳引机主轴联轴器三眼不直。

3）蜗杆副啮合不好或蜗杆副不在同一个中心平面上，造成啮合位置偏移，使蜗杆的分头精度出现偏差或齿厚出现偏差从而引起传动振动。

4）各曳引钢丝绳由于未达到受力均衡一致，造成钢丝绳与绳槽磨损不一，引起各钢丝绳运动线速度不一，致使轿厢上横梁在绳头弹簧的作用下振动。

5）轿厢架变形，造成安全钳座体与导轨端面擦碰，产生振动。轿厢架紧固件松动，或轿壁螺钉松动，或轿底减振垫块脱落，产生振动。

6）滑动导靴、滚动导靴与导轨配合间隙过大或磨损或两导轨轨距有变化或导轨压板松动而引起运行飘移振动。

（2）排故方法

1）用手触摸检查曳引机主机的外壳是否有振动感，同时触摸电动机与承重梁是否有振动，如果有振动感，可能是由于平面度误差造成，则应加垫片垫实消除振动源。

2）检查轿厢架螺钉是否松动，而导致一侧倾斜。将电梯开到最低层，用木方垫在倾斜一侧，松开紧固螺钉，利用重力作用，用水平仪复核轿厢底倾斜程度，紧固轿厢螺钉，同时校正安全钳钳端面与导轨之间间隙，使其约在5mm，安全钳楔块与导轨配合间隙在固定侧为2.5mm，滑动侧为3.5mm。检查靴衬磨损情况，如磨损过甚，应更换导靴靴衬或橡胶滚轮。

3）更换曳引钢丝绳，修正曳引轮绳槽，调整绳头弹簧，确保各钢丝绳的张紧度一致。

4）第三眼不同轴、蜗轮啮合不好及轴承已坏等故障现象应由曳引机厂家的专业人员更换调整。

12. 故障现象：电梯轿厢下行时突然停车

（1）故障分析

1）限速器调整不当，离心块弹簧老化，使得在拉力未能克服动作速度的离心力时，离心块甩出，使楔块卡住偏心轮齿槽，引起安全钳误动作；运转零件严重缺油，引起发胀咬轴。

2）限速器钢丝绳调整不当，其张紧力不够；钢丝绳直径变化，引起钢丝绳拉伸。

3）导轨垂直度较差，导致安全钳楔块擦碰导轨，引起摩擦阻力，致使误动作。

（2）排故方法

1）检查和调整安全钳楔块与导轨之间的间隙，并应有良好的润滑，保证间隙：固定侧为 2.5mm，滑动侧为 3.5mm。

2）更换已变形的限速器钢丝绳，确保运行中无跳动。

3）限速器应定期保养，去除污垢，加油润滑，保证旋转零件灵活运转。

13. 故障现象：电梯轿厢起动时有突然的下沉感觉

（1）故障分析

1）如果对重较轻，当轿厢上行至顶层端站，再准备满载下行时，或者轿厢下行至底层端站，再准备满载上行时，在起动瞬间，轿厢有突然失重下沉的感觉。

2）由于蜗杆副啮合间隙和侧隙过大，联轴器存在配合故障，也会产生同样的感觉。

（2）排故方法

1）轿厢分别在顶层和底层端站时，打开抱闸。若轿厢无溜车现象，则说明对重符合标准要求。

2）由专业人员校正调整蜗杆副啮合间隙。

14. 故障现象：电梯无法起动运行（电气系统正常，但关门后电梯无法起动）

（1）故障分析　表面上看电梯门已经关好，但门联锁开关没有接通，门锁继电器没有吸合，所以不能起动。

（2）排故方法　更换门锁或调整门锁锁钩的位置，确认关门后门联锁开关接触良好。

15. 故障现象：曳引机发热/冒烟致使闷车

（1）故障分析

1）曳引机减速箱严重缺油（若蜗杆为上置式，缺油时则更容易发热）。

2）润滑油含有大量杂质或老化，影响润滑油的黏度。

（2）排故方法　检查油窗的油标位置，加入足够量齿轮油。

16. 故障现象：电梯轿厢运行进入平层区域后不能正确平层

（1）故障分析　制动器长久使用、保养不当，闸瓦片严重磨损，进入平层区域后，减速制动力减弱，闸瓦片与制动轮打滑，从而造成不能正确平层。尤其在轿厢满载时，打滑现象更严重。

（2）排故方法

1）检查并调整制动器的弹簧压力。

2）检查闸瓦片的磨损状况。

① 当闸瓦片的衬垫过度磨损（磨损值超过衬垫厚度的 2/3）时，应及时更换。

② 如果闸瓦片是铆接的，必须将铆钉头沉入座中，不允许铆钉头与制动轮表面接触。

3）检查调整制动轮与闸瓦片的间隙，间隙不大于 0.7mm，并调整弹簧的压力。

① 满载下降时应能提供足够的制动力使轿厢迅速停住。

② 满载上升时制动不许太猛，影响舒适感。

③ 润滑制动器上各销轴，确保活动自如，确保制动器工作可靠。

17. 故障现象：电梯轿厢运行速度低于额定速度，时间一长电气跳闸

（1）故障分析　制动器得电吸合后，抱闸张开间隙过小，使电动机处于半制动状态，电动机附加负载运行，使其发热、电流增大，造成变频器保护或电气跳闸。

（2）排故方法　用专用手动松闸手柄打开制动器，检查调整闸瓦片与制动轮两侧间隙，

间隙调整为不大于 0.7mm，两侧间隙均匀，调整两制动臂工作一致，并保证四周贴合均衡良好。

18. 故障现象：电梯以 2:1 拖动方式运行过程中，对重轮或轿顶轮噪声严重

（1）故障分析

1）对重轮或轿顶轮严重缺油，引起轴承磨损，或者轴承内在质量不好，滚子和滚边的不合度偏差过大或保护圈间隙过大。

2）对重轮架或轿顶轮架的紧固螺栓松动，对重轮或轿顶轮的绳槽轴轴向跳动，引起左右晃动旋转，在严重缺油的状态下，会造成轴承磨损而产生咬轴的现象。

（2）排故方法

1）维修人员在轿顶开慢车至对重平齐位置，紧固对重轮架或轿顶轮架紧固螺栓。

2）若因缺油而引起噪声，则用油枪加钙基润滑脂润滑。

3）更换对重轮或轿顶轮轴承。更换轴承必须注意安全，施工方法如下：首先开慢车，把轿厢开到顶层，用足够强度的木方或其他支撑物将对重顶起，然后用手动导链将轿厢吊起，脱卸曳引钢丝绳，然后，拆下对重轮或轿顶轮，更换轴承。

19. 故障现象：钢丝绳拉伸严重

电梯长期使用，曳引钢丝绳就会伸长，如果超出安装标准范围就必须截取。

所需工具：气焊或喷灯、22#钢丝、钢丝钳、导链、钢丝绳绳扣、支撑木方和熔化巴氏合金容器。

1）测量对重与缓冲器距离，如果超出 150～400mm 安装标准范围，则需测算出所要截取的长度。

2）维修人员首先在轿顶开慢车至顶层，一人带好安全防护用品在底坑用足够强度的支撑木方或其他支撑物将对重顶起，然后再用手动链将轿厢吊起，使钢丝绳处于松弛状态。

3）拆卸对重侧绳头组合，拧掉螺钉，取下减振弹簧，然后从底坑撤出。千万不能拆卸轿厢侧绳头组合，以防钢丝绳由于自重滑到底坑发生危险。

4）在机房铺好一块干净的布用于放置钢丝绳，防止灰尘等沾在钢丝绳上，然后把钢丝绳盘好。

5）用 22#钢丝紧固钢丝绳上要截取的位置，以免绳头散股，然后截断钢丝绳。

6）取出截掉的废弃钢丝绳。

7）将剩下的钢丝绳清洗干净。

8）制作绳头。将绳头分股后，每股端部绑起防止散丝，去掉麻芯。拉入锥套后，将锥套加热至 40～50℃，将巴氏合金熔化（温度为 270～400℃），倒入锥套中，将钢丝绳与锥套熔接。要求钢丝绳与锥套一次浇灌，不准一个锥套二次浇灌。

9）安装钢丝绳，将钢丝绳一根根放入井道内。然后维保人员下到底坑，固定对重侧绳头组合。

10）放松吊装导链，取出底坑支撑木方，安装结束。

11）安装完毕后，按标准调整钢丝绳张力。

（四）任务总结

1）通过学习常见故障排除，归纳电梯常见故障的类型。

2）通过学习常见故障排除，掌握电梯常见故障排除的基本方法。

五、思考与练习

1）列举电梯常见故障的种类。

2）利用任务二的方法排查实训设备故障。

3）简述拉紧钢丝绳的方法。

任务三　电梯救援操作

一、教学目标

终极目标：熟练掌握电梯救援工作的步骤内容。

促成目标：1）熟悉电梯救援的情况分类。

2）掌握电梯救援的方法。

二、工作任务

电梯救援。

三、相关知识

1. 有机房电梯救援操作

电梯管理人员必须根据不同的电梯类型、驱动系统和设备配置采取不同的救援措施，解救被关乘客。施救时可能对乘客产生危险，所以救援工作必须由胜任人员（如维修公司经过培训有维修证件的维修人员或维修工程师）来执行，救援工作必须由两人进行操作，如图11-3-1所示。

（1）无应急电动运行控制的电梯紧急救援

1）准备工作。和被困的乘客取得联系，询问有无受伤人员，请乘客保持镇静。断开机房中的主电源开关。禁止手动推上控制柜中的接触器，这样做会危及生命。如果有轿厢门，请被关的乘客将轿厢门关闭。如果没有轿厢门，告诉被困的乘客从轿厢入口向后退，并且告知被困的乘客轿厢可能会动。

图11-3-1　电梯救援

2）盘车救援措施。电梯盘车救援流程如图11-3-2所示，要严格按照标准操作步骤进行施救。盘车需要两人协作完成，其中一人松制动器抱闸，另一人手动转动曳引机，具体操作如图11-3-3所示。

3）盘车救援后应注意事项。如果在采取了盘车救援后不能消除电梯故障，则需保持主电源开关在断开状态，并通知维修公司，同时检查所有的层门是否关闭并且锁住，以防止救援时人员出入而被夹住。

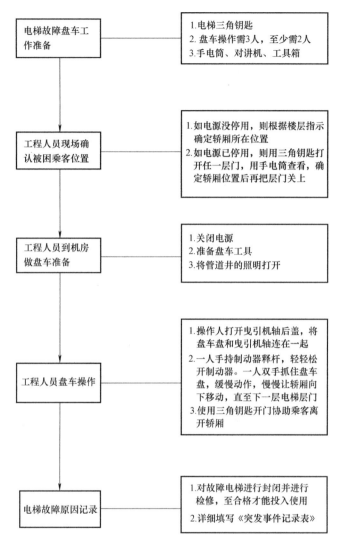

图 11-3-2 电梯盘车救援流程

4）其他救援措施。若盘车装置不能使轿厢移动，则按照下述步骤执行：

① 确定轿厢的准确位置。

② 用三角钥匙打开距离轿底上方最近的层门，推开轿厢门，并让被困在轿厢内的乘客向上离开轿厢。

③ 如果轿底上方最近的楼层层门地坎与轿顶的空间太小，则用三角钥匙打开轿底下方最近的层门来解救乘客。此时应注意：轿底下方可能有缝隙，因此有坠入井道的危险，一定要采取安全防范措施。

如果以上的救援措施都不能解救被困乘客，或者有受伤的人需要特别处理，请通知维修公司，也请将情况告知被困乘客，和被困乘客保持语音联络，直到解救人员到达。

（2）有应急电动运行控制的电梯紧急救援

1）准备工作。见"无应急电动运行控制的电梯紧急救援"准备工作。

2）利用应急电动运行控制装置救援。合上总开关，接通应急电动控制，操作应急电动

a)　　　　　　　　　　　　　　　　b)

图 11-3-3　电梯盘车

运行控制的相应按钮使轿厢向所需的方向移动。注意不要越过一层楼。

　　如果轿厢到达了平层位置，可以从钢丝绳上的标记得知轿厢位置。此时停止应急电动运行控制的按钮。用三角钥匙打开层门和轿门，协助乘客从轿厢出来。

　　2. 无机房电梯救援操作

　　救援人员技能要求详见"有机房电梯救援操作"所述。

　　（1）无机房电梯救援乘客　无机房电梯的救援工作是利用安装于顶层层门侧的检修盒来实现的。当电梯司机或维修人员不在时，检修盒要锁住。其主要开关、按钮及指示灯功能如图 11-3-4 所示。

　　1）准备工作。

　　a. 和被困的乘客取得联系，询问有无受伤人员，请乘客保持镇静。

　　b. 检查各层层门是否锁好，防止有人进入损坏的层门。

　　c. 将报警装置复位。

　　d. 如果轿厢门开着，则请被困的乘客将其关好。

　　e. 指示被困乘客从轿厢入口向后退。

　　f. 告知被困的乘客轿厢可能移动。

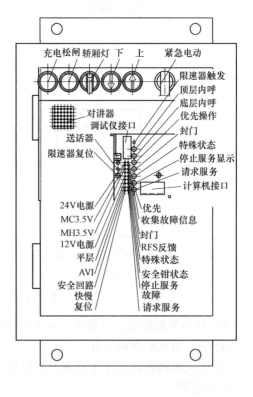

图 11-3-4　电梯检修盒

　　g. 检查控制面板上的平层指示灯，了解轿厢是否在平层范围，这是解救乘客的先决条件。检查电梯是否平层，若否，按 2）操作；若是，按 3）操作。

　　2）以应急电动运行控制方式使电梯到达平层位置。

a. 必须接通主电源开关和轿厢照明，接通应急电动运行控制开关。

b. 根据轿厢位置按"上"或"下"按钮，轿厢会向上或向下运行，观察检修盒上的快慢指示灯或通过观察孔观察溜车速度及运行方向，如快慢指示灯一直亮，则说明电梯运行过快，需立即停止按动"上"或"下"按钮。利用应急电动运行控制运行时，必须点动"上"或"下"按钮，快慢指示灯必须是闪动的状态，直到电梯到达平层位置。

c. 如果到达楼层的平层位置，按照"3）"项进行救援。

3）在平层处开门放出被困的乘客。

a. 断开主电源开关，与被困乘客进行通话以了解轿厢的位置。用三角钥匙打开层门锁并且小心地连轿门一起打开，如图11-3-5所示。

注意：有坠落危险。如果开错了楼层层门，要立即关闭并且检查是否锁好。

b. 帮助被困乘客离开轿厢，解救工作完成之后，关闭层门并检查是否锁好。

c. 解救工作完成后，接通主电源开关，并且将应急电动运行控制开关置于断开位置。然后召唤轿厢去两个不同楼层（层门召唤）来试试运行情况，如果运行尝试不成功，则必须断开主电源开关。

d. 如果救援措施不能奏效，或者有受伤的人需要特殊照顾，需要通知维修公司，告知被困乘客情况，和被困的乘客保持语音联络，直到解救人员到达。

a)　　　　　　　　　　　　　　　　b)

图11-3-5　平层处救援

4）断电情况下的救援。

a. 按"无机房电梯救援乘客"的"准备工作"步骤操作。

b. 按下"充电"按钮直到按钮旁的"已充电"指示灯亮。

c. 保持按下"充电"按钮，再点动按下"松闸"按钮（必须同时按住两按钮），抱闸会打开，轿厢会因载荷不同向上或向下溜车，观察检修盒上的快慢指示灯或通过观察孔观察溜车速度及运行方向。如快慢指示灯一直亮，说明电梯运行过快，需立即停止按动"松闸"按钮，快慢指示灯必须是闪动的状态，直到电梯到达平层位置。

d. 松开"充电"或"松闸"按钮其中一个即可关闭抱闸。

e. 与被困乘客进行通话，以了解轿厢的位置。按照"在平层处开门放出被困的乘客"进行救援。

（2）特殊情况

1）断电情况下空载冲顶，安全钳动作。下述工作必须由维修公司专业人员完成！

可直接打开顶层层门和轿门救援。按"在平层处开门放出被困的乘客"进行救援。**注意**：有坠入井道的危险。

若电梯不在平层位置，按下面方法提升轿厢，释放安全钳：若不能用应急电动运行控制释放安全钳，则需打开底层层门进入井道。**注意**：有坠入井道的危险。将对重缓冲器及支架拆除，松开抱闸，用葫芦将对重向下拉，释放安全钳。

2）断电情况下重载蹲底。下述工作必须由维修公司专业人员完成！

可直接打开底层层门和轿门救援。按照"在平层处开门放出被困的乘客"进行救援。

注意：有碰伤的危险。

若电梯不在平层位置，按"断电情况下的救援"中的方法提升轿厢。

如因特殊情况，上述方法不能提升轿厢，则需等待供电后，按照"用应急电动运行控制方式使电梯到达平层位置"进行操作，提升轿厢。

3）断电情况下，轿厢在中间位置时，安全钳动作。下述工作必须由维修公司专业人员完成！

试按"断电情况下的救援"进行操作，如电梯不能移动，则按下述方法提升轿厢，释放安全钳进行救援。

打开位于轿厢停靠位置上端的层门，利用爬梯装置到达轿顶，如图 11-3-6 所示。爬梯装置由固定梁和软爬梯组成，固定梁是 14 号槽钢，长度为 2m，横放在层门口，软爬梯牢固地与固定梁连接，维保人员利用软爬梯到达轿顶。

注意：有堕落井道的危险！

将轿厢提升装置用导轨夹固定在轿厢导轨上，如图 11-3-7 所示。此轿厢提升装置最大设计载荷为 5t，可用于载重小于或等于 1600kg 的轿厢。将 5t 葫芦一端挂在轿厢提升装置上，另一端挂在轿厢架上梁上，向上提升轿厢，释放安全钳，如图 11-3-8 所示。

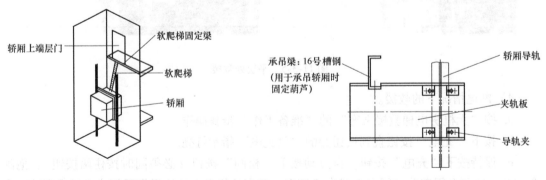

图 11-3-6　爬梯装置　　　　图 11-3-7　固定轿厢提升装置

将安全钳释放后，将轿厢提升装置、葫芦及爬梯装置卸下并移出井道。

按照"断电情况下的救援"进行救援操作。

四、任务实施

（一）任务提出

利用教学电梯，模拟救援过程。

（二）任务目标

1）熟悉电梯救援的步骤。

2）掌握不同类型电梯困人的救援方法。

（三）实施步骤

1）3人一组。

2）利用电梯曳引机实训设备，如图 11-3-9 所示，两人配合模拟盘车过程，另一人记录操作过程是否符合标准要求。

3）利用电梯轿厢实训设备，如图 11-3-10 所示，按标准进入轿顶。

4）利用电梯轿厢实训设备，按标准打开层门。

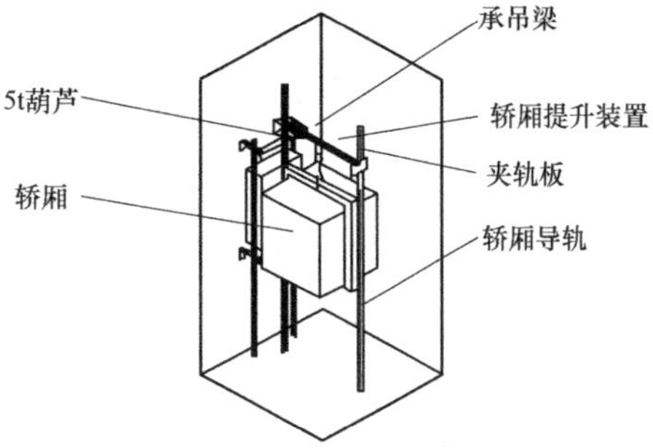

承吊梁
5t葫芦
轿厢提升装置
夹轨板
轿厢
轿厢导轨

图 11-3-8　提升轿厢

图 11-3-9　电梯曳引机实训设备

图 11-3-10　电梯轿厢实训设备

五、思考与练习

1）简述电梯救援的基本流程。

2）简述盘车的操作步骤。

3）简述无机房电梯救援与有机房电梯救援的区别。

附　录

附录 A　某品牌电梯调试试运行参考标准

1. 范围

本工艺标准适用于额定载重量为 5000kg 及以下、额定速度为 3m/s 及以下的各类国产曳引驱动电梯安装试运行工程。

2. 施工准备

2-1 设备要求：

设备及其附属装置应有出厂合格证明。经全面检查，确认符合要求后，方可进行试运行。

2-2 主要机具：

绝缘电阻表、万用表、直流电流表、卡钳表、转速表、温度计、对讲机和砝块等。

2-3 作业条件：

2-3-1 电梯安装完毕，各部件安装合格（开慢车后安装的部件除外）。

2-3-2 机房、井道和轿厢各部位清理完毕。

2-3-3 各安全开关、层门锁功能正常。

2-3-4 油压缓冲器按要求加油。

3. 操作工艺

3-1 操作步骤

有说明书则按说明书要求进行，一般按以下步骤进行：

准备工作 → 电气线路动作试验 → 曳引电动机空载试运行 → 慢速负荷试车 → 快速负荷试车 → 自动门调整 → 平层调整

3-2 准备工作

3-2-1 对全部机械电气设备进行清洁、吹尘，检查各部位的螺栓、垫圈、弹簧垫和双螺母，销钉开尾合适。检查设备，元件应完好无损，电气触点应接触可靠。如有问题应及时解决。

3-2-2 全部机械设备的润滑系统均应按规定加好润滑油。曳引机齿轮箱应冲洗干净，加好齿轮油。

3-2-3 检查层门的机锁、电锁及各安全开关，应功能正常，安全可靠。

3-3 电气线路动作试验

3-3-1 检查全部电气设备的安装及接线，应正确无误，接线牢固。

3-3-2 用绝缘电阻表测电气设备的绝缘电阻值，应不小于 0.5MΩ，并做记录。

3-3-3 按要求上好熔断器，并对时间继电器、热保护元件等需要调整部件进行检查调整。

3-3-4 拆除至电动机及抱闸的电气线路，使它们暂时不能动作。

3-3-5 在轿厢操纵盘上按步骤操作选层按钮、开关门按钮等，并手动模拟各种开关相应的动作，对电气系统进行如下检查：

3-3-5-1 信号系统：检查指示是否正确，光响是否正常。

3-3-5-2 控制及运行系统：通过观察控制屏上继电器及接触器的动作，检查电梯的选层、定向、换速、截车及平层等各种性能是否正确；门锁、安全开关及限位开关等在系统中是否正常发挥作用；继电器、接触器、机械及电气联锁是否正常。同时还应检查电梯运行的起动、制动及换速的延时是否符合要求以及屏上各种电气元件运行是否可靠、正常，有无不正常的振动、噪声、过热及粘接等现象。对于设有消防员控制及多台程序控制的电梯，还要检查其动作是否正确。

3-4 曳引电动机空载试运行

3-4-1 将电梯曳引绳从曳引轮上摘下，恢复电气线路动作试验时拆除的电动机及抱闸线路。

3-4-2 单独给抱闸线圈送电，检查闸瓦间隙、弹簧力度、动作灵活程度及磁铁行程是否符合要求，有无不正常振动及声响，并进行必要的调整，使其符合要求。同时检查线圈温度，应小于60℃。

3-4-3 摘去曳引机与联轴器的连接螺栓，使电动机可单独进行转动。

3-4-4 用盘车盘手动转动电动机，如无卡阻及声响正常，可起动电动机使之慢速运行，检查各部件运行情况及电动机轴承温升情况。若有问题，则随时停车处理。如运行正常，5min 后改为快速运行，并对各部位运行及温度情况继续进行检查，轴承温度的要求为：油杯润滑不应超过75℃，滚动轴承不应超过85℃。若是直流电梯，应检查直流电动机的电刷接触是否良好、位置是否正确，并观察电动机转向，应与运行方向一致。若情况正常，0.5h 后试运行结束。试运行时，要对电动机空载电流进行测量，应符合要求。

3-4-5 连接好联轴器、手动盘车，检查曳引机旋转情况，如情况正常，将曳引机盘根压盖松开，起动曳引机，使其慢速运行，检查各部位运行情况。盘根处应有油出现，曳引机的油温不得超过80℃，轴承温度要求同上，如无异常5min 后改为快速运行，并继续对曳引机及其他部位进行检查。若情况正常，0.5h 后试运行结束。在试运行的同时逐渐压紧盘根压盖，使其松紧适中，以每分钟3~4滴油为宜（调整压盖时，压盖与轴的周围间隙应一致）。试运行时，要对电流进行检测。

3-5 慢速负荷试车

3-5-1 将曳引绳复位。

3-5-2 在轿厢内装入额定载重量的一半载重，切断控制电源，用手轮盘车（无齿轮电梯不做此项操作）检查轿厢对重的导靴与导轨配合情况（并对滑动导靴的导轨加油润滑），如果正常方可合闸开慢车。

3-5-3 在轿厢盘车或慢行的同时，对井道内各部位进行检查，主要有：开门刀与各层门地坎间隙；各层门锁轮与轿厢地坎间隙；平层器与各层铁板间隙；限位开关、极限开关等与碰铁之间的位置关系；轿厢上、下坎两侧端点与井壁间隙；轿厢与中线盒间隙；随行电缆、选层器钢带和限速器钢丝绳等与井道各部件距离。

对以上各项安装位置、间隙、机械动作要进行检查，不符合要求的应及时进行调整。同时在机房内对选层器上各电气触点位置进行检查调整，使其符合要求。慢车运行正常、层门关好、门锁可靠时，方可快车行驶。

3-6 快速负荷试车

开慢车将轿厢停于中间楼层，轿内不载人，按照操作要求，在机房控制屏处手动模拟开快车。先单层，后多层，上下往返数次（暂不到上、下端站）。如无问题，试车人员进入轿厢，进行实际操作。试车中对电梯的信号系统、控制系数和驱动系统进行测试、调整，使之全部正常，对电梯的起动、加速、换速、制动、平层及强迫缓速开关、限位开关、极限开关、安全开关等的位置进行精确调整，应动作准确、安全、可靠。外召按钮、轿内指令按钮均起作用，同时试车人员在机房内对曳引装置、电动机（及其电流）和抱闸等进行进一步检查。若各项测试合格，电梯各项性能符合要求，则电梯快速负荷试车即告结束。

3-7 自动门调整（直流电动机驱动）

3-7-1 调整门杠杆，应使门关好后，其两壁所成角度小于 180°，以便必要时，人能在轿厢内将门扒开。

3-7-2 用手盘门，调整控制门速行程开关的位置。

3-7-3 通电进行开门、关门，调整门机电阻使开、关门的速度符合要求。开门时间一般调整在 2.5～3s，关门时间一般调整在 3～3.5s。

3-7-4 安全触板应功能可靠。

3-8 平层调整

3-8-1 轿厢内半载，调整好抱闸松紧度。

3-8-2 快速上下运行至各层，记录平层偏差值，综合分析，调整选层器（调整截车距离），调整遮磁板，使平层偏差在规定范围内。

3-8-3 轿厢在最底层平层位置时，轿厢内加 80% 的额定负载，轿底满载开关应动作。

3-8-4 轿厢在最底层平层位置时，轿厢内加 110% 的额定负载，轿底超载开关应动作，操纵盘上灯亮，蜂鸣器响，且门不关。

试运行完毕，要填写试运行测试记录表。

4. 质量要求

4-1 保证项目

试运行试验必须达到：

4-1-1 电梯起动、运行和停止时，轿厢内无较大的振动和冲击，制动器可靠。

4-1-2 运行控制功能达到设计要求：指令、召唤、定向、程序转换、开车、截车、停车和平层等准确无误，声光信号、显示清晰、正确。

4-1-3 减速器油的温升不超过 60℃，且最高温度不超过 85℃。检验方法：实际操作检查。

4-1-4 超载试验必须达到：电梯能安全起动运行和停止，曳引机工作正常。检验方法：实际操作检查或检查试验记录。

4-1-5 安全钳试验：轿厢空载，以检修速度下降，使安全钳动作，电梯必须能可靠地停止。动作后应能正常恢复。检验方法：实际操作检查（手动限速器，夹住钢丝绳）。

4-2 允许偏差项目

电梯平层准确度允许偏差和检验方法应符合附表 A-1 的规定。

附表 A-1　平层准确度允许偏差和检验方法

项目/(m/s)			允许偏差/mm	检验方法
平层准确度	甲	2,2.5,3	±5	尺量检查
	乙	1.5,1.75	±15	
		0.75,1	±30	
	丙	0.25,0.25	±15	

注：甲、乙、丙表示质量级别，依次降低。

5. 成品保护

5-1 机房要关好门、窗，房门上锁。

5-2 每日工作完毕要拉闸、锁梯，闸箱宜上锁。保持机房和设备清洁。

6. 应注意的质量问题

试运行工作中，应严格依据图样及有关资料要求调整，不可随意更改设备线路，应认真查线、分步试验。

附录 B　电梯验收常用表格

电梯安装质量等级评定报告

国　　　　家：_____

城　　　　市：_____

项 目 名 称：_____

总　台　数：_____

楼（座）号：_____

A/B/C/D 梯：_____

安 装 单 位：_____

检　查　人：_____

电梯主要参数

曳引机厂家		曳引机型号		出厂编号	
速　比		曳引绳　根/Φ		电动机型号	
功　率		额定电压		额定电流	
限速器厂家		限速器型号		门机厂家	
门机型号		开门方式		主控型号	
变频器厂家		变频器型号		功率	
额定载荷		速度		层/站	

一、检验部位：机房

保证项目	标准要求	检测结果	评定结果
主电源开关	1. 断开后不应切断电路:轿厢照明和通风		
	2. 断开后不应切断电路:机房照明		
	3. 断开后不应切断电路:机房内电源插座		
	4. 断开后不应切断电路:轿顶与底坑的电源插座		
	5. 断开后不应切断电路:电梯井道照明		
	6. 断开后不应切断电路:报警装置		
	7. 具有稳定的断开和锁闭位置		
	8. 在断开位置时应能用挂锁或其他等效装置锁住		
	9. 若两台以上电梯共用同一机房,应设区分各电梯对应开关的标志		
断相保护装置	1. 每台电梯配置供电系统断相保护装置		
	2. 该装置在电梯运行断相时应起保护作用		
限速器	1. 限速器各活动润滑部位应有可靠润滑		
	2. 限速器运转平稳,出厂时动作速度整定封记完好		
	3. 限速器位置安装正确,绳轮垂直度符合 GB 7588—2003 要求		
	4. 当与安全钳联动时无震颤现象		
停电或电气系统发生故障时应有	轿厢慢速移动措施,如手动紧急操作装置或手动盘车装置		
评定项目	标准要求	检测结果	评定结果
曳引轮、导向轮对铅垂线的偏差	1. 曳引机空载和满载工况下,A 级≤1mm,B 级≤2mm		
	2. 导向轮空载和满载工况下,A 级≤1mm,B 级≤2mm		
曳引轮端面对导向轮端面的平行度	A 级在 ±0.5mm 以内,B 级在 ±1mm 以内		
制动器	1. 制动器动作灵活,制动时两侧闸瓦应紧密、均匀地贴合在制动轮的工作面上,松闸时应同步分开		
	2. 其四角处间隙平均值　A 级:两侧各≤0.5mm;B 级:两侧各≤0.7mm		
基本项目	标准要求	检测结果	评定结果
线路敷设与接地线要求	1. 电梯动力与控制线路应分离敷设,否则必须加屏蔽保护		
	2. 从进机房电源起零线和接地线应始终分开		
	3. 接地线的颜色为黄绿双色		
	4. 除 36V 安全电压以下的电气设备外,金属罩壳均应设有易于识别的接地端,且应有良好的接地		
	5. 接地线应分别直接接至接地线柱,不得互相串接后再接地		

（续）

基本项目	标 准 要 求	检测结果	评定结果
救援要求	1. 曳引绳上应做出轿厢在各平层位置的标记,并将其对应标记识别图表挂在机房内易于观察的墙上		
	2. 应有发生困人故障时的救援步骤、方法和轿厢移动装置使用的详细说明		
曳引机	1. 油标应齐全,油位应显示清晰,润滑油的油位应显示在油窗高度1/2位置		
	2. 除蜗杆伸出一端漏油面积平均每小时不超过150cm² 外,其余各处均不得渗漏油		

二、检验部位：井道部件

评定项目	标准要求	检测结果									评定结果
导轨垂直度	1. 在整体高度内：±1mm 以内	左									
		右									
	2. 轿厢导轨　A 级：≤0.5mm；B 级：≤1.0mm										
	3. 安全钳的对重导轨　A 级：≤0.5mm；B 级：≤1.0mm										
	4. 不设安全钳的 T 型对重导轨　A 级：≤1.0mm；B 级：≤1.5mm										
导轨顶距	1. 轿厢导轨　A 级：0～1.0mm；B 级：0～1.5mm；C 级：0～2mm										
	2. 对重导轨　A 级：0～1.5mm；B 级：0～2mm；C 级：0～3mm										
导轨接头	1. 轿厢导轨和设有安全钳的对重导轨工作面接头处不应有连续缝隙,且局部缝隙 A 级：≤0.3mm；B 级：≤0.5mm；C 级：≤0.5mm										
	2. 导轨接头处台阶　A 级：≤0.02mm；B 级：≤0.03mm；C 级：≤0.05mm										
	3. 导轨接头处正面与侧面垂直度　A 级：≤0.15mm；B 级：≤0.2mm；C 级：≤0.3mm										
	4. 若超差应修平,修光长度为 150 mm 以上										
	5. 不设安全钳的对重导轨接头处缝隙 A 级：≤0.5mm；B 级：≤0.5mm；C 级：≤1mm										

（续）

评定项目	标准要求	检测结果								评定结果
导轨接头	6. 导轨工作面接头处台阶　A 级：≤0.05mm；B 级：≤0.1mm；C 级：≤0.15mm									
	7. 导轨接头处正面与侧面垂直度　A 级：≤0.2mm；B 级：≤0.4mm；C 级：≤0.5mm									
轿厢导轨平行度	轿厢导轨平行度　A 级：±0.5/300；B 级：±1/300									

基本项目	标准要求	检测结果	评定结果
轿厢、对重装置的撞板与缓冲器顶面间的距离	1. 耗能型缓冲器为 150～400mm；蓄能型缓冲器为 200～350mm		
	2. 对重装置的撞板中心与缓冲中心的偏差不大于 20mm		
液压缓冲器	1. 柱塞铅垂度不大于 0.5%		
	2. 充液量正确，且应设有在缓冲器动作后未恢复到正常位置时使电梯不能正常运行的电气安全开关		
电缆安装	1. 随行电缆两端应可靠固定		
	2. 轿厢与底层平层后随行电缆底端与底层地面间距 A＞200mm		
	3. 随行电缆不应有打结和波浪扭曲现象		
	4. 随行电缆在运行中不得与任何固定部件发生刮碰		
补偿链的安装	1. 补偿链两端应可靠固定，并具有二次保护装置		
	2. 轿厢压缩缓冲器后，补偿链不得与底坑面和轿厢底边框接触		
	3. 补偿链不应有打结和扭曲		
	4. 补偿链在运行中不得与任何固定部件发生刮碰		
	5. 补偿链距底坑地面 200～300mm		
	6. 补偿链挡管距底坑地面 400～500mm		

三、检验部位：轿厢

保证项目	标准要求	检测结果	评定结果
轿厢超载装置或称量装置	动作可靠		
轿顶的使电梯停止运行的非自动复位的红色停止开关	动作可靠		

（续）

保证项目	标准要求	检测结果	评定结果
双向安全钳及其连杆	1. 上提拉杆与上划槽顶端接触并保持上安全钳钳口同时处于最大张开状态,且动作同步		
	2. 下提拉杆与下划槽底端接触并保持下安全钳钳口同时处于最大张开状态,且动作同步		
	3. 上下两套安全钳定钳口侧与相邻导轨侧面间距为 2.5~3mm		
	4. 导轨顶端伸入上下两套安全钳深度均为 33mm±1mm		
轿架系统	相对导轨距离在垂直和水平两个方向上应能用≤150N 力保持		

基本项目	标准要求	检测结果	评定项目
在轿顶检修接通后	轿内检修开关、机房检修开关和紧急电动运行应失效		
轿门、轿壁及装饰顶外观	平整、光洁、无划痕或碰伤痕迹		
滑动导靴 HXD001 调整要求	1. 导靴后端两节螺母间距 J=5mm±1mm,螺母需拧紧		
	2. 导靴与导轨顶间隙为 0~0.5mm		
	3. 导靴与导轨两侧间隙之和不大于1mm		
	4. 单侧不大于0.5mm		
滑动导靴 HXD002 调整要求	1. 靴衬架与导靴架间隙 L=3mm±1mm		
	2. 导靴后端两调节螺母间距 J=11~15mm,螺母需拧紧		
	3. 导靴与导轨顶间隙为 0~0.5mm		
	4. 导靴与导轨两侧间隙之和不大于1mm		
	5. 单侧不大于0.5mm		
滑动导靴 2KIN0700 调整要求	1. 靴衬架与导靴架间隙 L=3mm±1mm		
	2. 导靴后端两调节螺母间距 J=23~27mm,螺母需拧紧		
	3. 导靴与导轨顶间隙为 0~0.5mm		
	4. 导靴与导轨两侧间隙之和不大于1mm		
	5. 单侧不大于0.5mm		
滚轮导靴 JIGR150AG1/AG2 调整要求	弹簧受力均衡,三个弹簧压缩后长度均在 34mm±3mm 的范围内		
滚轮导靴 JIGS700000 调整要求	1. 弹簧受力均衡,三个弹簧压缩后长度均在 34mm±3mm 范围内		
	2. 橡胶块与支臂间隙为 2mm±0.5mm		

四、检验部位：门系统1

保证项目	标准要求	检测结果	评定结果
开门机中心与轿门中心误差	±1mm 以内		
门机	1. 开门机导轨前端面与轿门地坎前端面间距为 36mm±1mm		
	2. 门机导轨下端面与层门地坎上表面的距离应为 $D_H + 88mm±1mm$（D_H 为门高）		
	3. 层门地坎和轿门地坎间隙为 30～32mm		
层门锁及门刀轮	1. 层门门锁轮前端与轿门地坎前端间距为 8mm±1mm		
	2. 门刀前端与层门地坎前端间距为 8mm±1mm		
	3. 门锁锁轮的动轮与门刀间距为 6mm±1mm		
	4. 定轮与门刀间距为 8mm±1mm		
	5. 两门刀间距为 67mm±1mm（同步 70mm,开刀 99mm）		
层门锁	1. 层门完全关闭后门锁和锁钩的前后和上下间距为 2mm±1mm		
	2. 在电气安全装置动作之前,锁钩的最小啮合深度为 7mm		
	3. 门锁关闭到位时触点完全闭合		
厅、轿门导轨	厅、轿门导轨必须清洁无杂物		
评定项目	标准要求	检测结果	评定结果
轿门地坎水平度	1. 在门口宽度范围内长度方向的水平度 A 级:≤1/1000;B 级:≤1/600;C 级:≤2/1000		
	2. 宽度方向的水平度 A、B、C 级:±0.5mm 以内		
层门地坎水平度	1. 在门口宽度范围内长度方向的水平度 A 级:≤1/1000;B 级:≤1/600;C 级:≤2/1000		
	2. 宽度方向的水平度 A、B、C 级:±0.5mm以内		
基本项目	标准要求	检测结果	评定结果
层门地坎应高于装修地面	2～5mm		
轿门门吊板垂直度在整个吊板高度内	≤1mm		

（续）

基本项目	标准要求	检测结果	评定结果
轿门门备轮与导轨下表面间隙	0.3～0.4mm		
轿门开与关的尺寸	1. 完全关闭后两块轿门门板之间的距离为1～2mm		
	2. 完全打开后两门板分别缩回门框13mm±2mm		
轿门门板与门立柱之间的间隙	5mm±1mm		
轿门门板与地坎上表面之间的间隙	5mm±1mm		

五、检验部位：门系统2

基本项目	标准要求	检测结果	评定结果
安全触板前端与门板端面在三个位置应满足	1. 门板完全关闭:右侧触板体缩回门板16mm±2mm,左侧触板体突出门板10mm±2mm		
	2. 门板处于半开状态:两侧触板都突出门板48mm±2mm(同步35mm)		
	3. 门板处于完全打开状态:两侧触板都突出门板13±2mm		
	4. 触板行程3～6mm时,微动开关动作		
门机中心与层门装置中心、门套中心偏差	±1mm		
层门装置	1. 层门装置座板垂直度板高度内≤1mm		
	2. 门导轨前端面与层门地坎前端面间距为42.5mm±1mm		
	3. 门导轨下端面与层门地坎上表面间距为D_H+70mm±2mm		
	4. 层门门吊板垂直度在整个吊板高度内≤1mm		
	5. 层门门备轮与导轨下表面间隙为0.3～0.4mm		
	6. 完全关闭后两块层门门板之间的间距为1～2mm		
	7. 完全打开后两门板与门框平齐或缩进2mm		
	8. 层门门板与门套之间的间隙为5mm±1mm		
	9. 门板与地坎上表面之间的间隙为5mm±1mm		

（续）

基本项目	标准要求	检测结果	评定结果
层门外观	外观应平整、光洁、无划痕或碰伤痕迹		
在水平滑动层门和折叠门主动门扇的开启方向,以150N的人力施加在一个最不利的点上时,门板之间的间隙可以大于6mm,但是不得大于	1. 对旁开门,30 mm		
	2. 对中分门,总和为45 mm		

六、检验部位：整机功能

保证项目	标准要求	检测结果	评定结果
平衡系数	0.4~0.5 之间		
限速器安全钳联动实验	1. 下行安全钳:空载轿厢以额定速度下行,人为使限速器动作,安全钳应在限速器动作时同时动作,抱紧导轨,电梯驱动主机运转直至钢丝绳打滑		
	2. 上行安全钳:切断主机供电,使轿厢空载停在接近底层位置,用开闸扳手打开抱闸,在电梯刚刚开始溜车或即将溜车时人为触发限速器动作,随即上行安全钳动作,电梯轿厢应溜一小段距离后停车		
层门与轿门联锁实验	1. 在正常运行和轿厢未停止在开锁区域内时,层门不应打开		
	2. 轿厢未停在开门区域内,如果一层门和轿门打开,电梯应不能正常起动或继续运行		
检修速度下人为动作安全开关实验	安全窗开关、轿底称重开关、底坑检修开关、限速器松绳开关有效动作		
上下极限动作实验	设在井道上下两端的极限位置保护开关,应在轿厢或对重接触缓冲器前起作用,并在缓冲器压缩期间起作用		

评定项目	标准要求	检测结果						评定结果
水平和垂直振动	1. 额定速度 $v\leqslant 1.5\text{m/s}$ 的乘客电梯:水平和垂直方向振动加速度的最大峰值分别不应大于 A 级:6cm/s² 和10cm/s²（优） B 级:8cm/s² 和13cm/s²（良） C 级:12cm/s² 和20cm/s²（一般）	位置	X		Y		Z	
		方向	上	下	上	下	上	下
		数据						

（续）

评定项目	标准要求	检测结果						评定结果
水平和垂直振动	2. 额定速度 $1.5 < v \leqslant 2.5\text{m/s}$ 的乘客电梯:水平和垂直方向振动加速度的最大峰值分别不应大于 A级:10cm/s^2 和 18cm/s^2（优） B级:12cm/s^2 和 20cm/s^2（良） C级:15cm/s^2 和 25cm/s^2（一般）	位置	X		Y		Z	
		方向	上	下	上	下	上	下
		数据						

评定项目	标准要求	检测结果	评定结果
噪声	1. 机房噪声　A级:$\leqslant 70\text{dB（A）}$;B级:$\leqslant 75\text{dB（A）}$;C级:$\leqslant 80\text{dB（A）}$		
	2. 运行中轿厢内噪声　A级:$\leqslant 48\text{dB（A）}$;B级:$\leqslant 52\text{dB（A）}$;C级:$\leqslant 55\text{dB（A）}$		
	3. 开关门过程噪声　A级:$\leqslant 48\text{dB（A）}$;B级:$\leqslant 55\text{dB（A）}$;C级:$\leqslant 65\text{dB（A）}$		
轿厢平层精度	A级:±3mm内;B级:±5mm内;C级:±10mm内		

基本项目	标准要求	检测结果	评定结果
正常状态下轿内50%载荷向下运行至行程中段时的速度	1. 维持原状		
	2. 不小于额定速度的92%		
紧急报警装置	1. 为使乘客能向轿厢外求援,轿厢内应设乘客易于识别和触及的报警装置		
	2. 该装置的供电应来自 GB 7588—2003 中8.17.1 要求的紧急照明电源或等效电源		

单梯验收评定结果

根据质量标准,一次性验收和整改后验收结果为:

1. 保证项目共_____项,合格项目_____项;　　　合格率_____%
整改后合格项目_____项;　　　　　　　　　　合格率　　　%

2. 评定项目共_____项,达到A级标准_____项;　比例_____%
整改后达到A级标准_____项;　　　　　　　　比例_____%
达到B级标准_____项;　　　　　　　　　　　比例_____%
整改后达到B级标准_____项;　　　　　　　　比例_____%
达到C级标准_____项;　　　　　　　　　　　比例_____%
整改后达到C级标准_____项;　　　　　　　　比例_____%

3. 基本项目共_____项,合格项目_____项;　　　合格率_____%
整改后合格项目_____项;　　　　　　　　　　合格率　　　%

故该梯整机运行质量被一次性评定为_____品

经整改后被最终评定为_____品

评定人:　　　　　　　　　　　　　　　　　　　　　　　　　年　月　日
审核人:　　　　　　　　　　　　　　　　　　　　　　　　　年　月　日

制约的因素:(按管理、安装、调试、甲方、公司产品质量、人员素质六个方面区分)

评定人:　　　　　　　　　　　　　　　　　　　　　　　　　年　月　日

整改项目表

整改内容:
整改措施及整改后所达到的标准:
评定人: 年 月 日

整改期限	必须在　年　月　日前整改完毕	责任人		日期	

复查结果:
评定人: 年 月 日

备注：整改内容必须严格按"安装质量、产品自身质量、甲方原因、其他"四方面归纳区分。

遗留问题记录表

遗留问题及原因：

安装问题：

产品自身质量问题：

甲方问题：

其他问题：

遗留问题跟踪处理结果及时间：

安装问题：

产品自身问题：

甲方问题：

其他问题：

参 考 文 献

[1] 张伯虎. 从零开始学电梯维修技术 [M]. 北京：国防工业出版社，2009.

[2] 陈家盛. 电梯结构原理及安装维修 [M]. 5 版. 北京：机械工业出版社，2012.

[3] 孙文涛. 电梯电气控制原理及维护 [M]. 北京：中国劳动社会保障出版社，2009.

[4] 刘剑. 电梯控制、安全与操作 [M]. 北京：机械工业出版社，2011.

[5] 马飞辉. 电梯安全使用与维修保养技术 [M]. 广州：华南理工大学出版社，2011.

[6] 白玉岷. 电梯安装调试及运行维护 [M]. 北京：机械工业出版社，2010.

[7] 余宁. 电梯安装与调试技术 [M]. 南京：东南大学出版社，2011.

[8] 常国兰. 电梯自动控制技术 [M]. 北京：机械工业出版社，2009.

[9] 于磊. 电梯安装与保养 [M]. 北京：高等教育出版社，2009.

[10] 杨江河. 电梯安装与维修手册 [M]. 2 版. 北京：化学工业出版社，2012.